U0052895

生死學叢書——傅偉勳 主編

# 從容自在老與死

日野原重明　早川一光
信樂峻麿　梯　實圓 著
長安靜美 譯

東大圖書公司

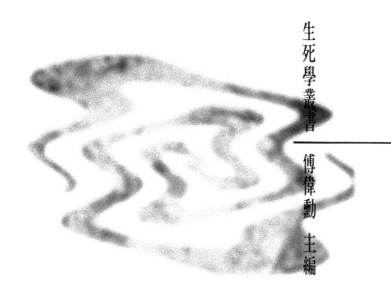

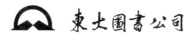

國家圖書館出版品預行編目資料

從容自在老與死／日野原重明，早川一光，信樂峻麿，梯　實圓著；長安靜美譯.--初版.--臺北市：東大發行：三民總經銷，民86
面；　公分.--(生死學叢書)
ISBN 957-19-2106-8（平裝）

1. 臨終關懷　2. 死亡　3. 佛教-修持

225.8　　86004680

國際網路位址　http://sanmin.com.tw

© 從容自在老與死

著作人　日野原重明　早川一光　信樂峻麿　梯　實圓
譯　著　長安靜美
發行人　劉仲文
著作財產權人　東大圖書股份有限公司
臺北市復興北路三八六號
發行所　東大圖書股份有限公司
地址／臺北市復興北路三八六號
電話／五〇〇六六〇〇
郵撥／〇一〇七一七五──〇號
印刷所　東大圖書股份有限公司
總經銷　三民書局股份有限公司
門市部　復北店／臺北市復興北路三八六號
重南店／臺北市重慶南路一段六十一號
初　版　中華民國八十六年六月
編　號　E 19027
基本定價　貳元肆角
行政院新聞局登記證局版臺業字第〇一九七號
有著作權・不准侵害

ISBN 957-19-2106-8（平裝）

YUTAKANA OI TO SHI
© SHIGEAKI HINOHARA / TAKAMARO SHIGARAKI / KAZUTERU HAYAKAWA / JITSUEN KAKEHASHI 1989
iginally published in Japan in 1989 by DOHOSHA PUBLISHING CO., LTD..
e translation rights arranged through TOHAN CORPORATION, TOKYO.

# 「生死學叢書」總序

兩年多前我根據剛患淋巴腺癌而險過生死大關的親身體驗，以及在敝校（美國費城州立天普大學宗教學系所講授死亡教育(death education)課程的十年教學經驗，出版了《死亡的尊嚴與生命的尊嚴——從臨終精神醫學到現代生死學》一書，經由老友楊國樞教授等名流學者的強力推介，與臺北各大報章雜誌的大事報導，無形中成為推動我國死亡學(thanatology)或生死學(life-and-death studies)探索暨死亡教育運動的催化「經典之作」（引報章語），榮獲《聯合報》「讀書人」該年度非文學類最佳書獎，而我自己也獲得「死亡學大師」（《中國時報》）、「生死學大師」（《金石堂月報》）之類的奇妙頭銜，令我受寵若驚。

拙著所引起的讀者興趣與社會關注，似乎象徵著，我國已從高度的經濟發展與物質生活的片面提高，轉進開創（超世俗的）精神文化的準備階段，而國人似乎也開始悟覺到，涉及死亡問題或生死問題的高度精神性甚至宗教性探索的重大生命意義。這未嘗不是令人感到可喜可賀的社會文化嶄新趨勢。

配合此一趨勢，由具有基督教背景的馬偕醫院以及安寧照顧基金會所帶頭的安寧照顧運動，有了較有規模的進一步發展，而具有佛教背景的慈濟醫院與國泰醫院也隨後開始鼓動臨終關懷的重視關注。我自己也前後應邀，在馬偕醫院、雙蓮教會、慈濟醫院、國泰集團籌備的臨終關懷基金會第一屆募款大會、臺大醫學院、成功大學醫學院等處，環繞著醫療體制暨醫學教育改革課題，作了多次專題主講，特別強調於此世紀之交，轉化救治(cure)本位的傳統醫療觀為關懷照顧(care)本位的新時代醫療觀的迫切性。

在高等學府方面，國樞兄與余德慧教授（《張老師月刊》總編輯）也在臺大響應我對生死學探索與死亡教育的提倡，首度合開一門生死學課程。據報紙所載，選課學生極其踴躍，居然爆滿，出乎我們意料之外，與我五年前在成大文學院講堂專講死亡問題時，十分鐘內三分之一左右的聽眾中途離席的情景相比，令我感受良深。臺大生死學開課成功的盛況，也觸發了成功大學等校開設此一課程的機緣，相信在不久的將來，會與宗教（學）教育、通識教育等等，共同形成在人文社會科學課程與研究不可或缺的熱門學科。

我個人的生死學探索已跳過上述拙著較有個體死亡學(individual thanatology)偏重意味的初步階段，進入了「生死學三部曲」的思維高階段。根據我的新近著想，廣義的生死學應該包括以下三項。第一項是面對人類共同命運的死之挑戰，表現愛之關懷的（我在此刻所要強調的）「共命死亡學」（destiny-shared thanatology），探索內容極為廣泛，至少包括（涉及自殺、死刑、安樂死等等）死亡問題的法律學、倫理學探討，醫療倫理（學）、醫院體制暨醫學教育改革課題探討，（具有我國本土特色的）臨終精神醫學暨精神治療發展課題之研究，老齡化社會的福利政策及公益事業，死者遺囑的心理調節與精神安慰，「死亡美學」、「死亡文學」以及「死亡藝術」的領域開拓，（涉及腦死、植物人狀態的）「死亡」定義探討，有關死亡現象與觀念以及（有關墓葬等）死亡風俗的文化人類學、比較民俗學、比較神話學、比較宗教學、比較哲學、社會學等種種探索進路，不勝枚舉。

第二項是環繞著死後生命或死後世界奧祕探索的種種進路，至少包括神話學、宗教（學）、文學藝術、（超）心理學、科學宇宙觀、民間宗教（學）、文化人類學、比較文化學，以及哲學考察等等的進路。此類不同進路當可構成具有新世紀科際整合意味的探索理路。近二十年來愈行愈盛的歐美「新時代」(New Age)宗教運動、日本新（興）宗教運動，乃至臺灣當前的種種民間宗教活動盛況等等，都顯示著，隨著世俗界生活水準的提高改善，人類對於死後生命或死後世界（不論有否）的好奇與探索興趣有增無減，我們在下一世紀或許能夠獲致較有「突破性」的探索成果出來。

第三項是以「愛」的表現貫穿「生」與「死」的生死學探索，即從「死亡學」（狹義的生死學）轉到「生命學」，面對死的挑戰，重新肯定每一單獨實存的生命尊嚴與價值意義，而以「愛」的教育幫助每一單獨實存建立健全有益的生死觀與生死智慧。為此，現代人的生死學探索應該包括古今中外的典範人物有關生死學與生死智慧的言行研究，具有生死學深度的文學藝術作品研究，「生死美學」、「生死文學」、「生死哲學」等等的領域開拓，對於「後傳統」(post-traditional)的「宗教」本質與意義的深層探討等等。我認為，通過此類生死學的種種探索，我們應可建立適應我國本土的新世紀「心性體認本位」生死觀與生死智慧出來，有待我們大家共同探索，彼此分享。

依照上面所列三大項現代生死學的探索，這套叢書將以引介歐美日等先進國家有關死亡學或生死學的有益書籍為主，亦可收入本國學者較有份量的有關著作。本來已有兩三家出版商請我籌劃生死學叢書，但我再三考慮之後，主動向東大圖書公司董事長劉振強先生提出我的企劃。振強兄是多年來的出版界好友，深信我的叢書企劃有益於我國精神文化的創新發展，就立即很慷慨地點頭同意，對此我衷心表示敬意。

我已決定正式加入行將開辦的佛光大學人文社會科學學院教授陣容。籌備校長龔鵬程教授屢次促我企劃，可以算是世界第一所的生死學研究所(Institute of Life-and-Death Studies)之設立。希望生死學研究所及其有關的未來學術書刊出版，與我主編的此套生死學叢書兩相配合，推動我國此岸本土以及海峽彼岸開創新世紀生死學的探索理路出來。

一九九五年九月二十四日傅偉勳序於
中央研究院文哲所（研究講座訪問期間）

# 「生死學叢書」出版說明

本叢書由傅偉勳教授於民國八十四年九月為本公司策劃，旨在譯介歐美日等國有關生死學的重要著作，以為國內研究之參考。傅教授從百餘種相關著作中，精挑二十餘種，內容涵蓋生死學各個層面，期望能提供最完整的生死學研究之參考。傅教授一生熱心學術，對推動國內的生死學研究風氣，更是不遺餘力，貢獻良多。不幸他竟於民國八十五年十月十五日遽爾謝世，未能親見本叢書之全部完成。茲值本書出版之際，謹在此表達我們對他無限的景仰與懷念。

東大圖書公司編輯部　謹啟

# 序

以「消費稅」為名的怪物昂首闊步，不僅使得首相、黨魁替換不休，甚至帶來導致國會勢力範圍消長的政治、社會大變革。有鑑於此，最近有人建議將消費稅視為迎接高齡化社會之「福利稅」。

正如消費稅問題所反應的，日本因應高齡化社會的措施的確已經迫在眉睫。就整個世界而言，西歐等先進國家的人口，也同樣呈現「相對性高齡化」的傾向。

換言之，當我們觀察最近統計總人口數中六十五歲人口所佔的比例可以發現，以英國的一五%，瑞典的一七．九%，挪威的一五．六%為首，大部分的國家都超出了一〇%以上。其中，日本的一〇．六%相當於先進國家的水準，由此可見，日本的確正一步步邁向高齡化社會。然而，不可忽略的是人口相對性高齡化所需的時間。

舉例來說，下面將六十五歲以上佔總人口數比例為八～一四%的所需時間做了一個比較：

| | | |
|---|---|---|
| 法國 | 一八八〇年～（二〇〇五年） | 一二五年 |
| 英國 | 一九三五年～一九八〇年 | 四五年 |
| 日本 | 一九七五年～（一九九五年） | 二〇年 |

由此表可知日本迎接高齡化社會的最大特徵在於準備時間並不長。也因為高齡化社會來得太快，因此在措手不及的情況之下制定出許多治標不治本的政策，而使得高齡族群個人的人格及生命的尊嚴沒有受到應有的尊重。

明治四十四年，當時的京都婦人慈善教會（京都佛教婦人會的前身）以「聞法道場」為主題，在現在的烏丸六角之地蓋了「六角會館」。其後，京都婦人教會便以此會館為中心，在明治、大正年間從事免費的巡迴診療活動，以及米、牛奶等免費發放的慈善活動。

昭和六十一年，六角會館新館落成之際，有鑒於因應高齡化社會的政策敷衍草率，於是我們計劃展開一項新活動，亦即設立講座。當時正值佛教信徒因應現代社會的臨終關懷活動盛行的時期。這個時期的臨終關懷活動將理想的臨終關懷建設及從事臨終關懷活動的僧侶訓練，都落實為具體的行動，確實在各地展開。其中，秉持臨終關懷精神的安寧看護活動所具有之非凡意義及其必要，可謂不言而喻。

然而，我等並不以發展龐大的臨終關懷活動為主要目的，自始至終都遵循京都婦人慈善教會的傳統，由淨土真宗文法道場的立場著手計劃臨終關懷講座。

淨土真宗的信仰，若借本書中信樂峻麿的話來說，就是「以自由人、自在人為目標」，探討生而為人該如何把握現在的問題。站在這個立場上，透過參加講座人員生活上所面臨的問題，我們希望大家一同思考生命末期及老後或死亡的種種課題，而繼續此一講座至今。

此次，承蒙同朋舍提出出版的建議，從而以在臨終關懷講座開講的日野原先生及信樂先生之演講為主，加上早川先生與梯先生之講座內容結集成書。借此書付梓之機，由衷對協助臨終關懷講座有功之各位先生致最誠摯之謝意，並感謝同朋舍檀特隆行先生之種種協助。

一九八九年九月

六角會館臨終關懷講座協會代表

水谷了昭

# 從容自在老與死

## 目次

# 接受老與死

日野原重明

# 前　言

大約距今六年前的昭和五十八年，我寫了《如何走過死亡》（中公新書）一書。書中記載了我擔任主治醫師期間二十名病患從患病到辭世之間的情景，並明載患者的真實姓名，以及對照醫師及看護的記錄，活生生地刻畫病患面對死亡時最真實的面貌。

此書收入禪學大師鈴木大拙先生以九十五歲又九個月高齡仙逝的經過。另外對於貴為戰後最高領袖之一，同時也是虔誠佛教信徒之《讀賣新聞》創辦人正力松太郎先生，以及堪稱為歷代日本首相之中評價最高，至今仍為人所稱頌的石橋湛山先生都有所著墨。懸壺行醫的我，有幸成為各界領袖之主治醫師，從前輩身上學到許多經驗，可謂獲益匪淺。包含十六歲便香消玉殞的無名少女，從一個個辭世的靈魂中，我學到許多寶貴的經驗，為了與各位分享這些真實的經驗，於是我出版了這本小小的著作。

綜觀世上，能夠跟最多人接觸，而且是接觸心靈或身體有障礙的人的行業，大概非醫療相關行業如我，或是宗教相關事業及與教育有關係的職業莫屬。我認為此類工作非常值得感謝。人生何處不相逢，隨著接觸的人有所不同，人生有可能會一百八十度急轉彎。我們都會跟許多人接觸，在人與人的相遇之間，我們必須以意志選擇一己之人生形態。要透過什麼樣的觀點並勇敢取決，是決定人生的關鍵，畢竟人生不僅僅只是一樁偶發的意外。因此我認為，今天的我之所以存在，應該是走過漫長人生路的結果。

今日再訪京都，這個戰前，我少時就讀舊制第三高等學校，伴我度過十五年歲月的舊地，著實令人懷念。在這個我最懷念的地方——京都，我想從科學及宗教的角度來談談「接受老與死」這個課題。

## 一、「病」之真義

### 年少舊疾

那是距今五十年前的事了。我進第三高等學校之初，所讀書籍中令我印象最深刻的莫過於倉田百三的《出家及其弟子》一書。在當時年輕人讀的戲曲書中，這本《出家及其弟子》受到壓倒性的歡迎。當時的倉田百三還是位人生經驗尚淺的二十七歲作家，以純然之心專意學習親鸞之法，悟及眾生皆有苦惱，而以其感性手筆刻畫追隨親鸞大師的眾生相。只是其後，倉田百三卻聲稱這個作品並非縝密記載親鸞大師及親鸞弟子史實的作品，從頭到尾都不脫虛構，主要是因為親鸞大師觸動真心，鼓動他的內在生命，為追隨在自我靈魂中占有一席之地的親鸞思想，使得他動筆寫下這本書。除了《出家及其弟子》之外，倉田百三還有諸如《愛與認識之出發》等多數的作品流傳於世，只是《出家及其弟子》似為後世最稱道的傑作。

以文藝評論聞名的龜井勝一郎對佛教亦有深入的研究。他認為倉田百三這部大病後的作品堪為其代表作。並評論這本書不僅追究人類的疾病為何，探討感染疾病的現象，同時巧妙的表現出隨著患病，人將被賦予極高的感性，並學會祈禱。對於龜井氏的評論，我深表同感。出自於倉田百三年少病榻的《出家及其弟子》一書，如果您尚未讀過，建議您不妨帶著您的現代知性一讀。明治年代以後以青春文學著稱的此書，誠屬古典文學之佳作，未來亦將位於古典文學之列而不墜。

我在年輕的時候亦曾罹病。結束第三高等學校課程之後，我到京都大學就讀醫學院。入學一年之後的三月，我跟友人相約到琵琶湖附近的牧野滑雪。「日野原！滑雪對身體健康很好喔！」受到友人這不負責的慫恿，我便搭船前去牧野。夜裡，船從大津出發，一早便到達牧野。就在朝著牧野深山上行的途中，我嚴重感到上氣不接下氣，等到達滑雪場的時候，我早已經癱瘓在地，動彈不得。當時的我，呼吸困難，自己都感覺到額頭發燙，後來才知道我發燒高達三十九度。當然，在這樣的情況下根本不可能再去滑雪，因此我便馬上回家。為了朋友隨口的一句邀請，我罹患結核性肋膜炎，白白浪費一年的寶貴光陰。

時值家父在廣島女子學院擔任院長之職，全家定居當地，因此，我便在廣島療養。對於不得不休學一事我感到非常遺憾。因為國中、高中到大學順利的求學過程，一直是我最感自豪的事。當時，我甚至野心勃勃認定如果一路這樣下去，我便可以在大學畢業後如願進入研究所深造，並領先取得博士學位。然而事與願違，三十九度的高燒經過三、四個月後仍絲毫沒有退燒的跡象，最後終於在八個月後才回復正常，其間，我連廁所都沒辦法去，只能無奈的臥病在床。當時，結核病並沒有現代的化學療法，所以不管怎麼抽取，都還是無法去除肋膜的積水，因此，家母每四小時就為我換上溫熱的濕布。不管氣候多麼的炎熱，在沒有冷氣的房間裡一天二十四小時都持續這種狀態，那種苦，真是不可言喻。但即使苦不堪言，我都還想參加期末考試，所以便請家人為我交了學費，並沒有辦理休學手續。

第二年，為了考期末考，我不得不到京都去。但是體弱的我，無論如何都無法行動。最後，雖然交了學費，但我終究是辦了休學手續。為了這件事，我在失望之餘，甚至一度想要放棄學醫，而開始學習躺著也可以學的音樂。將樂曲記在曲譜上，就算是躺在床上也輕而易舉，除此之外，我還做了一些聽音的訓練。甚至在恢復期間，我又開始彈起以前學過的鋼琴，並作些自成一格的曲子。後來，在我的病快要痊癒的時候，我把我作的曲子拿到一位美國老師那裡去，結果這位老師認為我有音樂天份，建議我放棄學醫，改學音樂比較有發展，並且說假如我願意到美國留學，他將為我作一些安排。我將這件事告訴雙親，並提出轉科的申請，結果未獲許可，只好懷著抑鬱的心情回到京都。之後的兩年，我在健康不佳的狀態下繼續我的學業，體力的耗費讓我備嘗艱辛。

在我畢業的時候，我的同班同學們早已經在一年前便開始作研究。我本來是希望成為外科醫師，但是在健康狀況不理想的情況下，只好退而求其次地轉而研究精神科。但是精神科的老師卻給我一個中肯的忠告，告訴我在專攻精神科之前，必須先熟悉身體的所有狀況，因此，我便決定先在內科熟悉一陣子之後再轉精神科。

未料，學出內科箇中趣味的我，越學越覺得內科有趣，另一方面，也因為病弱的身體逐漸好轉，因此，便往循環器官這個範疇進行研究。

當時正值第二次世界大戰爆發前，是軍方非常有力的時代，連醫學也因為受到軍部的委託而不得不作許多關於醫學與軍事方面的研究。比如說戰鬥機在投彈的時候，必須急速上升及下降，這時候會不會因此而產生心臟負荷過重而痳痹的現象等等，便成為我們從地面上觀察飛行員心電圖所作的研究之一。雖然這項研究並沒有進行得很完全，但是當時使用地面無線電傳送心電圖的方法，逐漸發展，到阿波羅登陸月球的時候，已經可以從地球取得太空人在太空漫步時的心電圖。如果沒有爆發戰爭，也許這項研究在日本將更為精進。但話說回來，也是拜戰爭之賜，我們才得以做了這項研究。回首前塵，因為戰爭而發生的許多事，常讓我有極深的感觸。

## 「病」是怎麼回事

其後，我在研究所便一直研究循環器官，在研究所修業結束之前不久，我接受東京的聖路加國際醫院的聘請，研究所未畢業就先到醫院上班，直至今日。

因病休學的一年，對於日後從事臨床醫學工作到底具有什麼樣的意義，直到我正式成為醫師之後，才漸漸明瞭。人，都會經歷許多痛苦的經驗，但是當局者迷，正在體驗的時候，無法知道這樣的經驗有什麼意義，只會一味抱怨自己的時運不濟。就這個角度觀之，我們的眼界其實是非常狹隘的，就像近視眼，只看得見眼前的事物一般。但是在這裡我要說的卻是，回顧五十年內科醫師的一生，在這段漫長歲月中我覺得最好的時光便是休學的那一年。臥病在床，動彈不得的那八個月，讓我連廁所都不能自己去的那一場大病，雖然是一個絕對痛苦的經驗，但是這個經驗卻在往後我身為醫師的歲月中，給我最多幫助。因為，那一場大病，讓我深知病患所蒙受的所有身心的痛苦與煩惱。

因病臥倒在床時引發的腰痛，常讓年少的我無法忍受。因床墊不適，所以家母每每用手臂撐起我腰部的脊椎和薦骨，試著為我減輕一點疼痛。每當家母這麼做的時候，腰痛便會減輕許多，讓我獲得解脫。但是讓已經很勞累的家母長時間為我撐著腰部我也過意不去，因此，每過十五到二十分鐘，我就會告訴家母已經不痛了，要家母休息，但是家母卻還是一直為我撐著腰。也就在當時，我親身體驗到用手去照護疼痛的患部是多麼重要的一件事。

我在巡迴診視腰痛病患時，曾經試著把手放在他們的腰部，並詢問患者的感覺。這時候，病患總是惶恐地告訴我腰已經不痛了，儘管如此，我還是會進一步要求看護的護士找出減輕病患腰痛的方法。然而，就護士來看，總認為反正腰痛又不會死人，所以並沒有太多人把我的話聽進去。病患受人照護是非常難過的一件事，如果把床墊換成硬的，可以減輕腰痛病患的痛苦，我認為護士不應該省這道功夫。

我能夠這樣站在病榻旁指導護士如何照護病患，完全得之於那一年的大病。我甚至覺得，身為一個醫師，生場大病實在是不可或缺的。正如倉田百三寫出傲世巨作《出家與其弟子》也是源於一場大病，假如沒生那一場大病，我想，也許今人就少了一部優良的文學作品。

也許讀者之中有人將面臨疾病，而這疾病或許將糾纏到死。但是，因為生病，人類會因此而真正去學習生存。這份痛苦的蚍擾也許不堪，但總有一天您會明瞭，為了了解生存的意義，所以必須忍耐。我是這麼認為。

我生於基督教的家庭，中學上的是所謂的教會學校關西學院，但是，超越宗教，我有幸閱讀包羅萬象的書籍，同時獲得許多學習的機會。「忍受疾病」不是件容易的事，這一點，不僅是親身的經驗談，同時也是我從許多書籍中所學到的。大家都知道，傳說釋迦牟尼從不訴苦，總是默默承受疾病的煎熬，就算是八十歲那年在返回故里卡琵拉城的途中發病，痛苦萬分，他還是不曾有半句怨言。

英文的病患叫做「patient」，這個字有「忍耐」的意思，忍耐的人，也就引申為病患的意思。我們都經歷過許多痛苦，並從走過痛苦的人身上學習人生經驗。因此，學習忍耐，當是生而為人必須努力不懈的課題。

# 二、「老」之思考

## 關心周遭的人

最近，「老」成為我最關心的課題。因為生、老、病、死是人類不可避免，必經的四大歷程。我們的生命，必然會經歷疾病、老化與死亡的過程。如同田徑賽的障礙賽跑，人生路上也有許多的障礙等著我們，如果不超越這些障礙，就無法抵達所謂的終點。不過，話說回來，什麼是「人生的終點」？人生的終點並不像獲得優勝般充滿榮耀，說穿了不過就是「死亡」。就這一點來看，人生跟賽跑等田徑賽實在是有太大的不同，根本無從比較。

人通常不到某種年齡，不會去想到年老或是死亡這兩件事，也許就是因為這樣，人才不至於產生神經衰弱的現象。然而，罹患心臟衰竭的病人，經常會因為擔心夜半心臟忽然停止跳動而一夜不得安眠。有人會打開窗戶透氣，或者是打電話求助於醫生。這時，接到電話的醫生可能會事不關己地告訴病患不會這樣就死掉，但是就心臟病患的立場而言，卻是隨時飽受心臟停止跳動的威脅，對當事人而言，那是非常痛苦的。讓病患恐懼的並非死亡，而是越來越接近死亡的無助，這就是心臟神經症。罹患這種病之後，也許會開始聯想到死亡，但是大多數的人，對於年老、死亡或者是心臟停止跳動這一類的事，都總是要等到許久以後才會恍然悟及。

因此，在這裡我想更進一步談談「關心周遭的人」這個主題。

大家在搭公車，或是電車、火車等交通工具的時候應該都看過閉目養神的人。在東京地區，早上搭車上班的人之中，有接近六到七成的人都閉著眼睛在車上睡覺。第二次世界大戰之前大家並沒有這樣的習慣，這真可以說是戰後養成的最奇怪的習慣之一，連外國人都覺得不可思議。還有就是，戰前就算車上有位子，年輕人都不會去坐，但是現在的中學生或高中生，卻是唯恐沒位子坐一般，爭先恐後的搶位子。現在不難看到年輕的人坐在位子上穩若泰山，而老人家站著隨車身搖擺的景象，這正是現代人越來越不懂得關心旁人的明證。

有一句話我個人非常喜歡，這是擔任哈佛大學校長長達四十年的艾力奧德博士對一九一〇年左右的畢業生所說的一句話。他說：「奉勸各位不要太過自我中心主義(Don't think too much about yourself)，要養成關心別人的習慣。」所謂養成關心別人的習慣，指的並不是刻意的作為，而是出自於自然：自然地伸出援手，自然地讓位，以及自然地微笑。這些都不應該是刻意的。這樣的習慣應該成為氣質的一部分，同時也成為一種個性。

更進一步，我想要大家在搭車的時候細細去觀察乘客中的每一個人，看自己想要跟乘客中什麼樣的人有同樣的表情，或者是思考眾生之中什麼樣的態度是最適合自己的。比如說，二十歲的人就可以先想想三十年後，當自己五十歲時的樣子。

我常對醫學院畢業生說：「當你四十五歲的時候，你希望自己是個什麼樣的醫生？或者是什麼樣的學者？利用暑假，去訪問早你們二十年畢業的前輩醫師，問他們累積了什麼樣的努力，才得到今天的成就。如果他們的成就是用二十年的辛苦換來的，那你們就想辦法用十五年達成目標。」現在電腦或文書處理機都非常發達，對學習有諸多便利之處，所以沒有做不到的道理。

如果只是一味描繪自己的人生藍圖，想像自己能做什麼是行不通的，因為想像充其量不過是不切實際的幻想。以他人作為自己的楷模，訂定具體的目標是絕對必要的。如果別人的成就過大，對自己而言稍嫌好高騖遠，那就把目標縮小到能力所及的範圍，朝著目標去努力。據說現在的護士都不以護士長這個職位為奮鬥目標，然而，也許年輕人都認為護士長不是很耀眼的工作，所以不會產生很大的興趣，不過，這份工作畢竟還有其理想的成分可供作為奮鬥的目標。如果喜歡挑肥揀瘦，就很難定出自己的標竿，這時候也可以用合成的方式，比如說三分之二要像某護士長，三分之一則以開朗的主任為典範，融合出自己喜歡的典範圖。找到自己的目標之後，下一步就要思考如何去付諸行動。如果沒有任何具體的圖像，只是直接努力朝目標邁進，通常不會有什麼成效。

## 為人生最後所保有的「青春」

人類總認為年老不是件好事，所以就盡量不去想它。然而人類活著，一言以蔽之就是老化，日復一日，就算是年輕人也都在漸漸老化。事實上，老化便是活著最好的明證，並不是什麼值得羞恥或忌諱的事。我們必須在我們逐漸老化的生命中灌輸更為積極正面的態度，同時營造一己之老年生活。話是這麼說，當我們年輕的時候，通常都不會體認到這樣的現實，因此我常對年輕人說：「看看老婆婆，那就是你」。很明顯的，的確是這樣。年輕人都必須要更努力地去感覺生命老化的事實。

我所謂感覺生命的老化現象，可以從觀察老年人，並將之與自己連結做起。雖說如此，老化的終點是死亡，所以也許大部分的人都會認為這畢竟不是件有趣的事。但是，不管怎麼樣規避，死亡都還是會堂而皇之的到來。比如說像貓或狗，有感覺痛的知覺，會肚子餓，也有喜怒哀樂，被主人抱的時候，會舒服的瞇起眼睛。那麼，貓或狗跟人類又有什麼不同？我想最大的不同是，動物並不知道死亡在前面等著自己。不過，話說回來，人類雖然知道終究避不開死亡，但是，卻不用身體去感覺。也就是說，即使腦子裡清楚人是必須死亡的生物，卻不用感性去接近死亡。理論上我們都知道左腦主司計算，但是卻不用右腦去驅使人類最重要的感性，去感受年老與死亡。人就算是活到七十五、八十歲，大多數的人都不過只用了四分之一的腦。假如將各位的腦比喻為一面白色的牆，那麼這面牆壁便有四分之三是什麼顏色、圖案都沒有的白牆。我常常對超過六十歲的老人家說：你們的腦中還有許許多多未開發的處女地，所以就算到古稀之年才開始做某些事情也不會太遲。比方說，有人不會唱歌，不會畫畫，不會彈鋼琴，但這些都並不是缺乏才能所以不會，而是過去一直沒有可以去做這些事的機會。

現在的老年人都走過戰爭及戰後一段漫長的歲月，那是一個沒有電冰箱、洗衣機，物資極度缺乏的時代。就連生火，都必須四處收集木屑生火之後，再點在木炭上。在我家，甚至還要做煤球。當時，上山去找黏土，到木炭店買碳粉，還有用這兩種材料作成煤球當作燃料都是小孩子的工作。當時的生活跟現在這種生活當然在時間上有所不同。就文明而言，也有正反兩面，而最為正面的便是現代人有自己可以掌控的時間，這是以前的人所沒有的。所以說退休之後也好，過了七十歲以後也好，我建議老人家勇敢開始一些新的嘗試，而年輕人也應該支持老人家這樣做。所有的人都應該賦予老年更為積極進取的態度，而不是只是一味老去，任憑時間一刻刻流逝。如果能夠積極開始新生活，嘗試一些以前沒做過的事情，相信年老的生命也會被注入一些青春的動力。

只要是人都會慢慢老去，從而漸漸接近死亡。我曾經擔任過將近千人的主治醫師，陪這些病患度過人生最後的一刻。我想，這些病人在臨終前，都表現了終其一生最悲慘的面容。也許我這樣說，大家聽了會有些失望，不過，這樣的場面，我的確是親眼見過無數次。當然，也有相反的例子。有人在一生之中經歷諸多磨難，被人瞧不起，自己的心意無法為他人所接受，或者是自己雖然以誠待人，卻受到欺騙，為人所背叛。這樣的人生真是再苦不過了。可是，在臨終前三個月、一個月或是最後的十天中，有人卻能夠心存感激的撒手西歸。我認為，如果能夠超越生前的種種不快，從而在生命終結的剎那悟及對生命的感激，那真是人生再好不過的句點。

知名的藝術家達文西曾經說過「在開始的時候就要想到結束」這樣的一句話。「大家在年輕的時候，便要考慮到未來即將面臨老死。年輕的時候結集所有的能量，並盡情燃燒生命」。話雖是這樣說，但是我相信能夠持續不斷儲積所有生命能量，從而盡情發揮到最後的人畢竟不多。

到今天為止，我有過許許多多的經歷，而支撐我走過這些經歷的生命能量，是在我來到京都，進入第三高等學校，以及就讀京都大學這幾年培養起來的。這些生命能量，在今天，都成為我的生命。當時讀的書、接觸的人，都對日後的我造成很大的影響。在第三高等學校教倫理與德語的西谷啟治先生便是其中一人。西谷先生是京都大學的名譽教授，承繼西田哲學，不僅在大學教育方面有卓越的成就，身為哲學家、思想家也受到極高的尊崇。而我極其有幸在第三高等學校親炙這些優秀的學者，並在日後受到極大的影響及啟發。

當時，我正在研讀德國詩人禮魯格(Rainer Maria Rilke)的詩。其中，佛家「生死一如」的思想亦在詩中表現無餘。換言之，亦即眼前的生命中已堂而皇之伴隨著死亡，假如將人比喻為水果，那麼種子便帶著生命中重要的死亡成分，在發展生命的同時孕育成形。這種生與死一體兩面的關係，正是偉大詩人謳歌的主題。我在第三高等學校的時候,從後來在京都大學講授德國文學的大山定一教授學習禮魯格的詩。大山教授在甫從京都大學畢業的青年時期便已將禮魯格的詩介紹給我們，對於這門課，我總是非常期待，而在往後的日子裡，我都依然不斷地閱讀其詩歌。

透過文學或藝術，我們看到人生百態。雖然每個人所處的世界都不大，但是先人前輩、教授及其他人所留下來的藝術作品、詩歌、戲劇、隨筆等，在在都為我們狹隘的世界開了一扇窗，從而影響我們，並幫助我們塑造個人不同的性格。透過接觸這些作品，我們才能完成自我，因此，恪遵前人的腳步努力不懈是必要的。從這個角度來看，我個人認為，醫師和護士，為了更進一步深刻地瞭解病患的感受，大家都應該更親近文學作品才是。閱讀敏銳的感性所刻劃呈現的病人心理、煩惱以及痛苦，會將我們感性的心性，琢磨得更清澈晶瑩。我想，醫護人員都必須秉持這份感性，超越語言，用心去感受病患的心聲。

年輕的時候，琢磨感性的心靈是非常重要的。具備高度的感性，才能在接觸到親鸞大師的教誨或是基督的教義時，馬上接收這些珠玉之詞，並真心感動。不論如何專注的研究神學，或是鑽研理論，我們都不容易從中獲得信仰。信仰是實踐，必須透過直接的感動方能讓信仰在心中生根。唯有融入感性所獲得的感動，才能生出所謂的信仰，因為信仰絕不是坐在桌子前就能夠想出來的，至少我個人如此認為。

## 三、宗教與科學之接點

今天，我想談談科學與宗教的關係。

在我就讀第三高等學校的時候，馬克思主義非常盛行，我也無可避免地受到相當程度的影響。當時很流行「宗教鴉片」這句話，馬克思主義有鑒於許多人無法依照邏輯理論思考而盲從宗教，求的只是精神的安寧而批評宗教為精神的鴉片。馬克思主義認為這些人容易受到資本主義的蠱惑，因此便以其思想搧動年輕人興起另一陣思潮。當時我加入第三高等學校的辯論社，在社團中也經常討論到馬克思主義與自由主義的不同。當時，有一種說法認為，與其說宗教是精神的鴉片，不如說宗教受到便利主義的利用，而產生類似鴉片的影響力。

眾所皆知的愛因斯坦曾說過：「我們無法想像真正的科學家不具深刻信仰。」無際無垠的大宇宙是誰創造的?若說是偶然形成，也未免太過齊備，因此，感覺宇宙之中肉眼所不見的力量是非常重要的一件事。真正的科學家必須具備對宇宙的信仰，這就是愛因斯坦想要說的。

愛因斯坦更進一步說：「科學家對於無法接近的莊嚴總抱持謙沖的態度。而這種態度正具備最高的宗教性。」愛因斯坦懷著謙沖的心情，從而察覺到科學與宗教相互依存的性質。科學與宗教不應該個別分立存在，考慮世事時，應該持共存的觀點考量。這正是愛因斯坦思考的態度。

年輕的時候，都會傾向以論理的角度思考。雖然這對訓練腦力不無好處，但是，宗教總有一些地方是理論所無法說明的。也許有人會說，無法用理論說明就是空想，但是我個人認為，這種說法未免矯枉過正。我也無法具體說明，但是活在宗教的人自然而然能夠體會宗教的真實面。我想，正視潛流於宗教的龐大力量，從而掌握這項力量是我們的共同課題。

最近的醫學發展越來越先進，遺傳工學幾近氾濫，變相地讓人誤以為醫學萬能。彷彿不管是自然科學或是社會科學，只要有科學，所有的問題就迎刃而解。然而，科學總是站在假設的立場去思考問題，社會科學也有許多假設的說法，正如日本的經濟就是不照著經濟理論走，才會發生日圓飛漲的異常現象。研究社會經濟的學者這麼優秀，還是控制不了現實的經濟發展。我們所謂的理論有許多錯誤，乍看之下，這些理論可能都非常完備，但卻還是有許許多多的漏洞。醫學過度的朝生命工學發展，會讓人們將生命全權交給醫學，從而導致人們對現代醫學產生過度的信任，誤以為現代醫學接近萬能。

然而，醫學堪稱成功的部分只有對傳染病的防治，至於成人病，諸如糖尿病等，現今醫學都還是束手無策，這也就是為什麼糖尿病患者必須每天注射胰島素的原因。其他如高血壓也因為無法有效根治，所以患者必須靠控制飲食，或者是服用降壓劑來控制病情。這些病都無法根治，就是因為無法根治，所以才會有「慢性病」這個名詞出現。醫學對許多慢性病尚束手無策，因此人類實在必須用謙虛的心情來面對這樣的事實。

老化跟死亡就是在醫學完全無法阻止的情況下必然會發生的生命現象。面對這兩種必然的生命現象，科學在束手無策的情況下，只好無奈地豎起白旗，放棄罹病的患者。也許實在沒辦法，醫生會讓病患吊個點滴吧，但是，沒有人會認為點滴可以治病，就像是有的醫生會讓病患呼吸氧氣，但是，氧氣畢竟也救不回垂危的生命，充其量只能為生命再多爭取一些時間。這時候，患者的口鼻會被插上許多管子，無法自由言語。接著如果疼痛沒有減輕，便必須服下大量的鎮定劑，最後終將變成植物人，陷入動彈不得的狀態。許多人都是在植物人狀態下撒手西歸，就一個人而言，這種結束生命的方法真可說是最大的不幸。

正如我前面提到的，如果在生命終結前，能夠心存感激的告別生命，回顧一生，誠實無偽，雖然個人的一生平凡無奇，但是畢竟充實而有意義，如果能達到這種境界，相信便已經達到人生的最高境界。能夠在最後一刻肯定自我人生的意義，真可以說是再好不過的了！

然而，地位越高，擁有越多財富的人越到臨終，越會陷入無從解決的痛苦之中，這時候，便會情急地發出最後的吶喊：「不管花多少錢都無所謂，救救我吧！」我看過許多諸如此類在痛苦中死去的案例，面對人生戲散的結局，因為不想就此走下人生舞臺，便拼命地想抓住所有的可能，而發出「我不想死」的吶喊。走到這步田地，這個人終其一生所架構的地位或是儲積的財富，都不再具有任何意義。這樣的人生，怎不令人欷歔！

莎士比亞便寫了許多類似的悲劇。每個人的人生都有許多場戲，我們進進出出在一幕幕戲中，扮演許許多多的角色而延續生命。到了不得不下臺的時候，有人戀戀不捨，面對這人世的種種表情，莎士比亞以極為諷刺的筆調，刻劃了戀棧生命、執著不肯去的人生百態。其實，只要我們能夠照著一己的意志誠實地面對自己的人生，那麼，就算是不為他人所理解，只要自己問心無愧，便可以俯仰不愧了。如果能夠領會到自己人生的意義，生而為人，便可以說是幸福的且理想的。

## 四、安寧病房所扮演的角色

### 重視「生命」的歐美醫學

怎麼樣才是結束生命最好的狀態，是我最近經常思考的問題。面對種種生命終結的現象，「安寧病房」真可以說是處理末期人生的場所。所謂臨終，指的是當生命走到盡頭，醫學除了儘可能減輕肉體上的痛苦之外，還盡量避免做過多無濟於事的醫療行為。放眼現今各大醫院或大學附屬醫院處置瀕死狀態的病人，總讓人感覺有太多過度卻無濟於事的醫療行為。比如說，有許多大學附屬醫院的教授或是大醫院的院長都會交代身邊親人朋友，當自己面臨生命末期的時候，不要再多此一舉地使用點滴或是在氣管或尿道插入管子做無謂的掙扎，但是，這些人所不願意被加諸在自己身上的處置，卻施行在其他病患身上。這一方面是因為可以增加收入，另一方面是在現今的醫療制度下，這樣做有其意義，同時也比較容易有所交代。但是我最感困惑的是，己所不欲，勿施於人，為什麼醫科教授、醫院院長不以為然的醫療行為要加諸在病患身上？又為什麼醫生們要將病患引以為苦的檢查，強行施加在病患身上？通常很少有醫生會願意告訴病患，做檢查的結果可能有百分之一的死亡率，而日本的醫學就是在醫生不願意告訴病患實情的狀況下，大大的落後於世界的醫療水準。

大約在六個禮拜之前，在加拿大渥太華召開一場以「生命倫理」為題的研討會，我也在政府的派遣下與會出席這場研討會(一九八七年四月二十七日)。先進國家早在十年前便已設立了「倫理委員會」，廣泛討論利用人體進行醫學實驗或研究的是非對錯。這場研討會，延伸這樣的主題，針對醫學實驗使用人體的限度、可否將孩童搬上實驗臺等問題進行討論，更進一步觸及可否將尚在實驗階段的藥物用於瀕死病患，以及可否在危險狀態下施行新手術等等重要的課題。日本最近也有一些有關於生命倫理的研究，然而是否有具備類似倫理委員會功能的大學，便不得而知。有鑑於此，我個人深感日本尚未進步，還停滯在後進國家的水準，而這一點，我也在會後會晤當時的中曾根首相時便直言無諱。

日本的醫學科技雖然非常先進，但是重視生命的醫學研究，卻依然粗糙。歐美各國非常尊重生命，只要手術有危險的顧慮，即使是病患要求，醫生都不會為病患施行手術。我在想，日本的文明或文化，對生命的認識是不是還不夠深刻？日本人對人死後的葬禮及掃墓等後續動作都多有著墨，但是在處理這些事情的時候，通常都交給專業的人去做而缺乏一份真正的關心，我認為，這是十分需要反省的現象。

有鑒於此，我提倡臨終關懷運動。致力於臨終關懷工作的佛教相關機構希望第一個末期病患照護中心能夠設立在京都，在種種的意義上，我也極希望能貢獻一己之心力。如果能夠拋磚引玉，結集更多義工共同進行這項工作，將是我最大的收穫。並不是因為有一天我們都可能必須接受臨終照護，所以便在今天先為別人做好日後我們想要得到的，而是希望藉著這個工作，喚起一股付出愛心的義工風潮。在英國，醫療體系屬於官方機構，但是臨終關懷機構則為私人的，有許多民間的義工參與，因此有許多官僚體系下所享受不到的溫暖。同時，在這裡，每個人都衷心期盼所剩不多的每一天都充實愉快，而用愛心參與義工活動。受到不安或疼痛侵襲的時候，病患的心靈會變得非常敏感，這時候，義工人員貼心的言語或是溫暖的情懷都會為病患帶來莫大的助益。假如義工人員都能夠帶著寬恕的心去接觸病患，告訴病患儘管過去曾經有過種種起落，但是此刻，終將獲得寬恕，病患心靈的痛苦將隨之減輕許多。

我現在在東京組成一個音樂療法的研究會，希望日後也能在京都籌組這樣的研究會。在這個研究會中，我們主要研究音樂是否能減輕病患的疼痛，或者對失眠是否有所助益，以及音樂能否平撫不安的情緒等種種醫療相關的研究。我們研究腦波、心電圖，我自己也曾親自成為實驗品。我之所以從事這樣的研究，最主要是因為我在京都念書的時候，曾經指揮過一場佛列的混聲合唱「安魂曲」，我希望將來在我即將撒手西歸的時候，我可以聽著「安魂曲」安然闔上雙眼，這樣，我便能忘記肉體的疼痛。這也就是我致力於音樂療法的原因。

作曲家神津善行先生提倡音樂用於胎教，因為，讓懷孕的準媽媽聽音樂，其實便等同於讓腹中的孩子聽音樂一樣。

人類被賦予許多充滿美感的音樂及藝術，而讓這些美麗的事物點綴在病痛或死亡的過程中有其意義。將所剩不多的生命集中在美感中，不失為一種人性化的關懷行為，就人本的觀點而言，這也是非常重要的。

## 「治療」到「照護」

我常常介紹石川啄木的詩，其中有一首這樣的詩：

胸疾隱痛似催魂，
願歸故鄉待死期。
冰囊水溫不覺醒，
回神病痛自纏身。

相信在座的各位護士對詩中啄木所表達的情境感同身受。這首詩主要是說胸口的疼痛難耐，但是如果要就這樣死去，寧可回到故鄉，也不要死在冰冷的醫院。冰囊雖然可以減輕疼痛，但是深夜當冰都溶化成溫水，冰囊也就不再能夠鎮住疼痛，這時候雖然可以請護士來換，但是在這樣的深夜要吵醒勞累一天的護士畢竟於心不忍，因此只好在漫漫長夜枕著溫熱的冰囊，睜著雙眼，獨自忍耐著病痛的煎熬。

病患就是這樣，他們非常的小心，通常不會輕易對醫師透露自己的實際感受，對護士也一樣，即使願意說，充其量也不過是十分之一。因此，剩下十分之九必須由醫護人員用心去觀察及體會，如果做不到這一點，便不能稱之為好的醫護人員。到底要怎麼樣去培養出這份關愛病患的感性呢？不管再怎麼研讀醫學，再怎麼精通護理，都無法從書中學到這份感性，感性可透過接觸卓越的文學作品在心靈生根，因此，謙虛傾聽種種文學作品中來自於靈魂深處的嘆息，是醫護人員所不可或缺的態度。唯有如此，才能對病痛感同身受，也才能用心伸出援手，勉勵絕望的心靈。

臨終關懷所扮演的角色，最主要就是控制病患的疼痛及煩躁。而這個工作就飲食而言，不是靠點滴，最理想的狀態是滿足病患的飲食需求。話雖這麼說，但是醫院的時間畢竟跟病人的生理時鐘不一致，重病的患者無法照正常早上八點、中午十二點、晚上五點半的三餐時間用餐。有人會在十點、十一點的時候心血來潮想吃布丁，或者是在半夜突發奇想想吃冰淇淋。在正常人想吃東西的時候，這些病人可能沒有絲毫的食欲，但卻在過了用餐時間之後，又急著想吃東西而等不到下一餐用餐時間。因此，臨終關懷最重要的服務，便是依照病患個人不同的生理時鐘，照顧病人的飲食。雖然每個人的用餐時間不同造成醫護人員極大的負擔，但是如果病人只剩下一個禮拜的生命，就這一個禮拜之間，能夠滿足病人的需求，讓他在飲食上有所滿足，不也是一件重要的事嗎？所謂末期照護並不是help dying，而是help living，是份幫助病人產生生存勇氣，並提供精神及物質養分的工作。

在英國，我曾經目睹一幕感人的臨終關懷情景。有一位沒有小孩的老太太住進了安寧病房，這位老婦人非常喜愛寵物，愛寵物就像愛自己的孩子一樣。因此，義工便每隔一天為她帶來一隻狗，讓她跟這隻狗玩一天，直到黃昏，再把狗帶走。而每次在把狗帶走之前，義工都會跟老太太打聲招呼，告訴老太太後天會再把狗帶來。於是老太太便會每天期待下一次義工把狗帶來的日子，並在有狗陪伴的那一天，抱著狗親親臉頰，愉快的玩到夕暮時分，直到該分離的時候，便又會期待後天，下一次義工帶狗來訪的日子。老太太心知肚明自己的生命所剩無幾，但是藉著寵物帶給她的希望，老太太便在期待每一個「後天」的同時，燃起生命的希望。我相信，這位義工的用心與努力，將比藥物或打針有效千萬倍。

臨終關懷所做的並不是打打點滴就算了，最重要的是為了病患所剩無幾的生命，不管多麼忙碌，醫生、護士，甚至是義工，都自願付出自己寶貴的時間，用心關照病患。所以說，末期照護著重的是心靈的注射，而不是藥物的注射。到病患閉上眼跟這個世界說再見為止，給予社會、精神、靈魂等各方面的信心，賦予活下去的力量，這就是臨終關懷的中心精神，同時也是關終關懷最重要的任務。

思考醫學跟病患的關係，則醫學所對抗的無非是病患的癌細胞、心肌梗塞或者是動脈硬化等疾病。這也可以說是科學向病患的病症所下的戰書。所以醫生治療的主要對象可以說是動脈硬化或者是癌症等病症本身，而不是罹患這些病症的病人。這也是以醫學為職志的醫生所具備的職業性格。當然，這是絕對必要的，但是科學絕非萬能，當病情惡化到連醫學都束手無策的時候又該怎麼辦？進行科學性的診斷及治療不可避免，但是對苦於病魔纏身，陷入絕望無助狀態的病人，醫生又該如何對待便成為重要的課題。換句話說，醫學對待末期病患的態度該有所改變，必須由

CURE SYSTEM（治療體系）進一步變為CARE SYSTEM（照護體系）。

該在什麼時候將重心由治療轉到精神照護並不容易界定，然而即使診斷治療都仍在進行，該如何豐富病患生命所剩的每一天，提升病患生命的品質是每一位醫護人員所必須認真思考並確切實施的問題。

在醫學尚未進步的時代，精神照護最常見的便是母親廢寢忘食照顧自己的小孩。然而隨著科學漸漸進步，喊出科學萬能的口號之後，出自於心靈交會的交談或是勉勵卻越來越少，繼之而起的是凡事都想用物質解決的現代價值觀。也就是說，醫療不再著重於「人」整體，而越來越有偏重於分析的傾向，這個傾向迫使我們不得不去思考該如何將醫療的發展方向導回以前的正軌。也許疾病無法完全治癒，但至少，可以減輕肉體的疼痛和心靈的不安。近代醫學雖然可以延長病患的壽命，卻無法兼顧到病患的煩惱與不安。有鑒於此，今後該如何因應這種狀況正是臨終關懷所必須深思的。

# 五、因應與接受死亡之態度

## 修柏拉羅絲的建議

身為醫師的我們，在病患病情惡化陷入瀕死狀態的時候，都會非常困惑，不知該如何去因應即將到來的死亡。到底是該極盡能事去延長病患的壽命，不管病人是不是已經陷入植物人狀態，或是該想辦法去減輕病人的疼痛？又或者是該想辦法給病人心靈的寧靜安詳，將親人帶到床邊，讓病人握著家屬的手，一起度過最難捱的時刻？亦或是乾脆直接面對死亡，假設病人可以接受死亡的事實而坦然撒手西歸？

在先前介紹過的拙著《如何走過死亡》一書中提到鈴木大拙先生之死。面對死亡，鈴木先生的表現可謂完美。在鈴木先生臨終時，我問他：「要不要請誰過來？」鈴木先生只說「我一個人就好了」，之後便靜靜闔上眼。

近代醫學視老人之死為最苦之事，因為年紀大了之後，總是必須經過吊點滴、在氣管插上各種管子的折騰之後才能嚥氣。其實不做這些動作，老人們便能死得輕鬆。只因為醫療技術進步了，老人們便必須受這些無妄之災而憑添痛苦。因此，我希望人在年老之後可以不要受這些罪，讓所有的老人都可以在死前輕鬆自在，但是這樣一來，醫院的收入無可厚非的會減少，這也是日本醫療制度必須調整的地方。

我想在座的醫護人員中應該有許多人念過修柏拉羅絲所寫的《死亡的瞬間》這本書。醫院中每天都有許多人死於痛苦與不滿之中。修柏拉羅絲採訪這些人，透過這些人的經驗談探討現代醫學的去向。修柏拉說：「病患所要求的是休養、心靈的寧靜與生命的尊嚴，但是所受的待遇卻是打針、打點滴、輸血或使用蘇生器，猶有甚者還被切開氣管，然後還是難逃一死。」

修柏拉還說：「哪怕只有一個護士，只要一分鐘也好，如果能站在病床邊聽聽病患的問題，對病患而言都不知是多大的安慰，但是醫護人員進進出出，看的總只有點滴，而不見病床上病人的無聲的吶喊。」病人通常只希望有人聽聽自己的聲音，但是身邊的人卻總是忙進忙出的叫人喘不過氣。這裡修柏拉強烈控訴的是，一個人即將死去，但是大家卻只見疾病、癌細胞，而毫不關心最重要的「人」(PERSON)。

這是值得我們醫療從業人員深思反省的問題。我們醫療從業人員有三個必要的工作：一是盡力治好病人的病。如果做不到，那就盡量延長病人的壽命，哪怕病人已經病入膏肓。這是我們的願望，也是第二個工作。第三是當病人在跟病魔抗爭的時候，我們該如何去豐富病人生命的質感。這件工作並不僅限於醫療從業人員，我想病人家屬、朋友、牧師或是僧侶，都應該加入這個行列，共同思考如何具體提升病人生命質感，同時落實為實際行為。這時候，護士便扮演著舉足輕重的角色，而這也是末期照護工作的本質。

假如我說老年有老年的好處，年紀越大越能死得輕鬆，也許所有的老人都會感到安心。但是，達到這個理想境界的前提是醫生必須減省許多不必要的醫療行為，不再讓老人家受苦。

距今約兩千四百年前，普拉頓曾說：「只要違反自然，不管是什麼東西，定會遭受痛苦。原本起於自然者，都是愉快的，而死也同樣。因疾病或傷害而起的死亡，當然痛苦而不自然，但是隨著年齡增長，自然的終結生命應該可以說是死亡中最不具痛苦的，不！應該說是伴隨快樂的！」（《普拉頓全集》十二，岩波書局）正如普拉頓所言，在醫學尚未發達的時代，死亡並不伴隨那麼多的痛苦，但是為什麼醫學進步了，老人面臨死亡時的痛苦也增多了?這是我們所必須思考的問題。

這是醫學上非常重大的一個問題。醫生的責任在於盡力為病患除去病痛，但是隸屬於科學一環的醫學，能力實在有限。因為，也許科學能夠延長人的壽命，但卻不能增加生命的質感。因此，借助於周遭慈悲為懷的人伸出援手，便相形必要。有鑑於此，我在這裡也呼籲護理人員共同組織一個團體，從事這方面的工作。

## 對死的認識及信仰

適才我曾經提到禮魯格主張死生為一體的詩，現在我要介紹一首禮魯格詩集中的祈禱詩：

**神啊！降福世人**

神啊！賦予世人各自所屬的死亡吧！

世人發現愛與意義，還有一己之悲傷
讓所有的生命，活出真正屬於各自的死亡吧！
因為我們不過是葉，不過是軀殼
而存在於個人之中偉大的死亡才是果實——
世間所有，都因這果實而蛻變！

我們的身體之中，心靈的中心存在著各自生命所屬的死亡，我們的生命因死亡而存在，這一點是活著的時候不得不去思考的。以這個想法為前提，我認為大家都有必要去研究死亡。死亡的學問稱為死亡學，這是門年輕人也不能漠視的學科，因為這門學問堪稱為死亡教育。

剛才我也曾經說過，人跟動物最大的不同在於人對死亡有所認知，人知道死亡的存在。知名哲學家海德格便曾經說過一句跟達文西同樣的名言：「我的開始隱含我的結束」。

我希望在座的年輕人都能體會在各位的年輕生命中，也許一切才將起步，然而其中已然包含結束。活著就等於不斷地老去，「老」所賦予的印象，不應該是急著想抓住些什麼，或者只是呆呆等著生命結束。青春一天天接近老年，而生命便是在這種老化的過程中連結死亡。因此，我們都必須正視這個問題，從而誠實的活過每一天。

我相信各位腦中都一定描繪著一幅期待的圖像。有信仰的人，必須觀察別人如何在信仰中找到生命的真諦，從而將這種生活形態落實到自己的生活之中。因為有信仰，生命將別具意義，原本晦暗的，都將變得光明，而黑也能轉而為白。這份美好堪稱奇蹟。投入宗教信仰便能感覺到自己變得迥異以往，為了讓自己能擁有這層體驗，大家都必須自己去營造出這樣的環境，從而在這樣的環境中塑造出全新的自我情感。等待完全無濟於事，全新的自我，必須靠自己去選擇。

我們的世界，靠許許多多的科學性理論推動運作，但事實上，我們所了解的，不過九牛一毛。橫阻在我們前面的世界充滿未知，這也就是為什麼人會對死後未知的世界產生恐懼。莎翁名著《哈姆雷特》中便曾出現「死亡屬未知世界，因此恐懼」這樣的話。生而為人也許必須忍耐痛苦，但相較於恐懼未知，這還算是輕鬆的。如果大家都清楚每一天的生命中都隱含死亡，因此更必須掌握今天好好充實生命，如此便會漸漸生出堅強的信心，從而面對生活時也會因此而變得勇敢。

如果在我們的生活之中沒有一種付出的精神，那麼，一己的生命便只為自我而存在。要發現新的自我，必須褪卻舊的軀殼，從中跳脫出來，才能悟及生存的價值。

謹以這番話與各位互勉，並結束我的演講。（一九八七年六月九日）

# 佛教所見之老與死

信樂峻麿

## 前言

大家好，我是信樂。很早以前便與六角會館結下不解之緣，至今的三十年間，承蒙會館的邀請，每個月我都會來作一次演講。也因為這樣的因緣，今天我跟來自東京的日野原先生有幸跟大家共聚一堂，分享這一段時間。

今天我想就主題「佛教所見之老與死」略抒一己之淺見。

各位都知道，日野原先生是日本醫學界的代表，同時在宗教方面，尤其對基督教有極深的理解。是一位直接從事醫學，又具有虔誠宗教信仰的人。相較於日野原先生淵博的醫學知識，我對醫學可以說是一無所知，因此，我想從佛教的觀點來跟各位談談「老與死」的問題。

## 一、佛教關於老與死的問題

## 釋尊出家與老死問題

東洋的宗教，也就是佛教，起源於兩千多年前的北印度，是由釋迦牟尼所創。之後兩千多年，佛教承傳綿延不絕，經由中國、朝鮮半島傳到日本，至今也已經有超過千年的歷史。

要談釋迦牟尼創立佛教，必須從釋迦牟尼年輕時為釋迦族王子，居住在卡琵拉城的時候說起。據說未成佛前的釋迦有天出城，只見拄杖老人步履蹣跚，又見路旁躺著為病所苦的人們，接下來又看到死者家屬淚眼婆娑的送葬隊伍，對於這些人生最根本的煩惱與苦痛，年輕的釋尊見後心有所感，從而漸漸開始思考這方面的問題，甚至在日後還進一步放棄到手的王位，為了探尋人生真正的幸福而甘為一介苦行僧。在悟及人生難以解決的苦惱之後，釋尊踏上新的旅途，並帶著生老病死等人生根本的問題一心求道，最後終獲解答，並開始為世人解說解決人生問題的根本道理，隨著時日漸增而成立佛教。

就這層意味而言，佛教不同於基督教，我們所信奉的佛教解決的是人生最基本的苦惱，也就是老、病、與死。因此佛教的出發點是以老、病、死為主要對象，從而探求因應的辦法。而真正能夠克服這個問題的便是釋尊。佛教教義一言以蔽之，便是闡揚釋尊之道。

這一點跟遵從上帝神諭而宣揚教義的基督教或是其他宗教有很大的不同。剛剛我說要從佛教的觀點來談「老」與「死」，事實上，這兩件事就是佛教的主題。如果說學佛之後還無法解決老去之後的問題，或是無法坦然面對死亡的問題，那就不算是學了佛。學佛最主要的就是要以釋尊的教義解決「老」與「死」這兩大人生基本問題，透過學習釋尊的教義，教導人應該如何理解、如何解決、從而如何克服與生俱來的痛苦。下面我想就這些角度延伸我今天的內容，當然以下的內容都以佛教為基幹。

## 二、關於「老年」

### 古代中國「老」的意義

首先，先就「老」的問題開始談起。

回溯「老」這個漢字的歷史，可知這個字是象形字，呈現老人長髮、佝僂著背並拄著杖的特殊形象。也就是說「老」字的原形出自於長髮老人彎腰拄杖的姿勢。根據《禮記》記載，「老」字指的是七十歲的人，不到七十歲，六十幾歲的人則在老字下加個「日」字，稱為「耆」。而八十歲、九十歲的人則同樣在「老」字的下面加上「毛」字，稱為「耄」。因此，如果遵從造字的原始意義，則嚴格說來，不到七十歲根本就不能稱之為老。

這是兩千多年前的說法，當然，現代人的壽命又延長許多，所以我想「老」字的概念，也會有許多的異同出現。不過，縱觀現今日本社會，六十五歲以上才堪稱為老人似乎是一個普遍的現象。

## 現代有關於「老」的問題——漸行漸窄的人生路：老年

剛剛跟各位談的是就文字而言有關「老」的話題，接下來想跟各位回顧我人生中「老」的問題。

在我們的時代，也就是第二次世界大戰前，平均壽命不足五十歲。換言之，在昭和十年左右，男性的平均年齡約四十六・九歲，女性的平均年齡則為四十九・六歲，都不足五十歲。昭和十年，還沒發生太平洋戰爭，其後爆發太平洋戰爭，許多年輕人都死於這場戰爭，因此平均年齡普遍較低。那個平均年齡不過五十歲的年代距今不過四、五十年，然而戰後，平均年齡卻急速的增高，現在日本女性高達八十多歲的平均年齡已經躍居世界第一位，而男性的七十九歲也不容小覷。短短五十年，平均壽命改變如此之遽。在平均壽命只有五十歲的時代，「老」對個人而言也許是個問題，但是對社會倒不至於產生太大的影響。然而時至今日，老年問題急速的出現在我們的周遭，這促使現代日本人必須就社會、政治、甚至文化等各個角度思考「老」的問題，並提出因應的辦法。

比如說，隨著年歲增長，健康狀況大不如前，我慢慢覺得自己住家的設計不適合老年人居住。換句話說，透過我個人的經驗，可以發現在平均年齡急速升高的同時，日本的居住文化並沒有因應現有的狀況作調整。對於不管怎樣都會到來的老年生活，我們到底應該怎麼去因應？老年就像是一條越走越狹隘的人生路，該如何走過這條漸行漸窄的路，是我們都應該學習而且深思熟慮的問題。

在這條越走越狹隘的道路中所會面對的第一個問題便是健康狀況不僅不如年輕人，還大不如前，身體的各部位都因老化而變得不自由，於是便漸漸對自己的身體健康失去信心。在這同時，工作上又面臨退休的局面，沒有收入及經濟來源減少都會讓人漸漸產生不安的情緒。另外在人際關係方面，也會因為跟他人接觸的機會減少導致人際關係疏離，漸漸的離群而顯得形影孤單。年輕的時候也許有許多的夢想，但隨著老去，卻越來越難以確立人生的目標。諸如此類健康、經濟、社會人際、人生的種種問題，都是造成老年的人生路越走越窄的主要原因。有鑑於此，思考老年問題在解決身體老化問題的同時，心靈老化的問題也不容忽視。

## 仙涯和尚狂歌的啟示

前幾天在閱讀有關老年的書籍時，看到一則幕府時代末年，臨濟宗知名的仙涯和尚的狂歌。這是一首將老年描寫得栩栩如生的狂歌，相信年紀大的人應該會覺得非常真實。仙涯和尚辭世距今已經有一百五十年的光陰。仙涯和尚是一位非常灑脫的人，說得露骨一點，他也是一個踩著別人往上爬的人。仙涯和尚的出身在美濃國，因批判當時的政治遭到放逐，而移居到博多。

當時的美濃國政治非常混亂，藩主不斷的替換朝中大臣，結果還是無法穩定政局。於是仙涯和尚便針對這件事作了一首反諷的狂歌，而且還寫在紙上，大肆張貼，因此而惹惱了藩主而遭到放逐。

仙涯和尚在八十八歲的時候死於博多，他臨終的一幕可謂天下知名。據說和尚在死前先行沐浴，並換上白衣，臨終前，他的弟子請他留下遺言。一般來說，一位得道的高僧，應該會留下珠璣之語，但卻未料臨終前的仙涯和尚卻是大叫一聲：「我不想死！」

據說這就是仙涯和尚的臨終遺言，真是一位超凡脫俗、與眾不同的人。仙涯和尚有一首歌詠老人的狂歌：

## 老人六歌仙

身僂佝髮鶴皮雞，起斑老生漸紋皺

明聰不鈍遲目耳，落零齒顫腳抖手

全俱皆具用暖保，鏡眼加巾圍子帽

寂清總伴相神死，慰相聊孫弄飴含

生由怨躁暴唆囉，疑乖多求貪問好

頭出強強逞勝好，手插愛己關不事

哈哈笑己揚人貶，誇口隨就成孫子

年紀大的朋友也許可以在每天的早課後在佛壇前念一遍仙涯和尚的這首詩歌，這樣一來便可以客觀地看到自己老後的形象。大聲念出「事不關己愛插手，好勝逞強強出頭」這些老人特有的缺點，除了可以客觀地看到自己的缺點，還能藉著這個動作打破老化的窠臼，回復年輕的心境。我想這是預防老化、老年痴呆的最佳良藥，不知各位以為如何？

在座參加今天演講的還有許多年輕人，不管怎麼年輕，總有一天大家還是會無可避免的老去，或者也許大家在沒老之前便會面臨死亡，但是不管怎麼樣，人總是會漸漸老化。同樣的，只要是人，總有一天也都會面臨死亡，而且死亡通常不知道會在什麼時候、什麼地方突然降臨。雖然老年不會像死亡一樣突然降臨，但是卻一天天接近我們，因此，年輕人總有一天對老也會感同身受。因此，仙涯和尚近似戲謔的詩句或可作為大家的座右銘。在這裡，我想跟各位談的是，在身體的老化之外，關於心靈老化的問題。

當我們解決老化問題的時候，通常都是從如何預防老化、如何解決老化問題方面著手，然而只要我們還是肉身，就無法有效解決老化的問題。雖然這對人們而言極為殘酷，但是我們除了接受這個事實之外別無他法。只是，不管肉體是不是無情地逐漸老去，至少心境可以永保青春不老。要克服、超越肉體的老化，最重要的就是必須鍛鍊強健的心志，維持年輕的心境。畢竟，不管身體怎麼老化，心境是不能隨之衰老的。因此，我們可以歸結出一個結論便是：老年的問題，就是如何防止心靈的衰老，永保一顆年輕的心。

# 三、關於「死亡」

## 生命便是邁向死亡的歷程

在我們的生命中，跟「老化」同時並列為兩大重要課題的還有「死亡」。

自從古代希臘哲學家將「死亡」當作一個議題開始討論以來，不論是在東方或是西方，先賢們便不斷討論至今。然而，如果只是站在客體的角度去思考死亡，則死亡根本就不存在。正如古代希臘哲學家所言，只要我們活著，便不可能死，這是當然的。但是當肉體死亡之後，自覺死亡的「我」便不復存在，所以，總結來說，在人類的世界中，死亡是不存在的。

換言之，站在客體的角度思考死亡，將死亡視為一般性問題來談，則死亡不存在。因為只要活著便絕不會死，相對的，死了之後會喪失感覺死亡的自覺，所以對於個體的「我」而言，因為死亡無法親身體驗，因此不存在。

現代社會大多數的人都是這樣看待「死亡」。儘管死神不管人們意願如何遲早都會來帶走我們的生命，但是人們卻都站在客體的角度去思考死亡，而在漫長的人生路中遺落死亡這個重大的課題。剛剛我便曾經提過，這是一般性的思考法，是照自己一廂情願的想法所訂定出來的死亡概念。這種想法有一個危機，那就是當個體「我」的死亡迫在眉睫的時候，客觀的想法拯救不了生命，說什麼「只要活著就不會死」根本無濟於事！

癌症嚴重威脅現代社會。假如醫生宣告我們罹患癌症，我相信這時候沒人可以泰然自若用「只要活著便不會死，死了我就不存在」這種話來收拾自己生命的殘局。對我而言，死之所以成為人生一大課題，並不只是因為死亡本身，而是因為個體無可替代的生命將歸於空無，活著的生命將不復存在，所以死亡才會成為一個課題。只要徹底追根究底探討生命的本質，則死亡便是人生的一項課題。如果要深入探究生命存活的意義，則無可避免將會牽扯出死亡。

比如說一個年輕的母親死了，則留下來的幼子和親戚、朋友都會為了追悼這位母親舉行喪禮，然而，在這些人之中最該覺得悲傷的孩子卻無從理解母親死去的事實。比如說常常我們可以在很多喪禮時看到大家都哀戚的為死者送終，小孩子卻以為大家聚在一起很好玩而吵吵鬧鬧，這是因為小孩子不懂死亡的意義，相對的也不懂生命的意義。除非真正明瞭生命的價值，否則無法得知死亡的意義。死亡總伴隨在生命能量燃燒最旺盛的時候，是一體兩面的關係，而不是在活過了以後才悄然降臨。個體「我」的死亡既非他人之死，亦非普遍性的死亡，而是潛藏於現實生活中，結構上跟生命呈現一體兩面的關係。因此，延續生命便是延續死亡。明天既有可能生，亦有可能死。換言之，我們每天所延續的，都是帶著伴隨死亡的生命。

因此，死亡對人生而言，可謂不容忽視的大課題。然而現代人卻將死亡放逐到遙遠的天邊，不曾切實感受自身死亡的意義。

## 對死亡毫無防備的現代人

曾經，死亡是非常殘酷的，至少，就我個人的經驗而言便是如此。戰時，正值我們的青春時代，卻因為戰爭使得我們無時不與死亡為鄰。我十九歲的時候，因為受到徵召，便留了遺書離開故鄉。好幾次，我都以為我的生命無以為繼，卻也在起伏之中走過二十幾年歲月。當時的死亡，殘酷至極，絕非平穩走完人生旅途才安然闔眼的寧靜安詳。然而時至今日，現代人所見的死亡意義卻完全改觀。

我的老家在鄉下，房子非常老舊，現在回去，家人在房子裡死去的情景都還歷歷在目。然而放眼今日，親人臨終似乎都在醫院。死亡透過電視映像管變成遙遠渺茫的經驗，而不再是切身的問題。換言之，大家都不再從主體的觀點去思考死亡，對死亡，變得毫無防備。

過去，如果是武士，會留下遺書再切腹，或者是飲水作別，至少成就死亡的態度無話可說，反觀現代人不管是面對親人之死，或是自己的死亡，態度都比古人粗糙，普遍缺乏崇敬而細膩的精神。

只要我們存活在世上的一天，就一定得面臨死亡，但是，即使肉體會滅絕，心靈卻可以超越死亡而永存不朽。正如肉體會老而心靈不老一樣，肉體會腐朽但心靈卻可永久存活。這就是先人所言：「花瓣凋零但花不謝」的境界。對死亡，我們也可採取這種因應態度。

雖然肉體的老與死必須遵從自然的代謝運作，但是我相信心靈的世界不僅不會衰老，同時也不會滅絕。我想這正是釋尊所要告訴我們的真理。

## 四、因應「老年」的一般態度

### 與老的對決

我對佛教的理解，以親鸞聖人的教義為主軸。下面就以親鸞聖人的教義出發，談談我對佛教所見老與死的看法。

首先我想跟大家談談人類如何因應「老年」的問題。首要之務便是要怎麼解決老年問題，該如何破除老年的情結。

從古至今，人類就存有不老長壽的願望，江戶時代便有這樣一段戲文：「三月煙花永不謝，雙十年華總不老，黃金千兩用不盡，死而復生命不絕。」這說明人類最原始的願望，但這完全是人們一廂情願的想法。誰都想要永保青春，永遠處於二十歲的青年時期，就像養老乃瀧的故事之所以流傳，也正說明遠古之前祖先祈求長生不老的願望。但是這終究是個無法實現的願望。既然老化是人生無從避免的必經之路，則唯一面對的辦法便是運用人類的智慧解決老年的問題。發達的醫學技術，克服了許多疾病而延長人類的壽命，似乎人類自古以來的願望就快接近實現的階段了。然而事實上，醫學有其限度，不管醫學怎麼進步，都無法帶人類脫離、免除死亡的威脅。

在無從避免死亡的情況下應運而生的當務之急便是老人福利。這個問題受到廣泛注意，從政治、社會的角度都曾思考、訂定了因應的辦法，然而對於解決老年問題卻尚嫌不足。

另外，祈福、祈願也是思考老年問題不容漠視的課題之一。現代人借助於靈異力量的情況越來越嚴重。比如說現在日本到處都有所謂的安樂寺，在關西地區還有俗稱安樂寺的寺廟。在這些寺廟裡，只要老人家去參拜，便可以受到誦經祝福，同時這些寺廟還針對男女老人販賣印有賜福圖案的內褲。據說只要穿上這些內褲，不僅可以保持身體健康，免除因病痛而拖累子女照顧的麻煩，大限將至時也可以兩腿一伸、眼睛一閉就離開世間，不給生者添麻煩。

朝日新聞曾經寫過這樣一篇專欄。日本岐阜縣的某老人俱樂部包了一輛專車去廟裡參拜，回程的車上，一位老人馬上因病驟逝，正可說是靈驗至極。但是，據說老人俱樂部的負責人卻因為這座廟太過靈驗還大發了一頓脾氣。諸如此類求福祈願的行為在老人之間廣為流傳，其實可以說是毫無益處。

人們自古就是這樣想盡辦法祈求避開老年，這種願望在帶動高度醫學發展的同時，卻也相對地衍生出類似安樂寺信仰之類的低俗文化，令人匪夷所思。

## 敗於老年

剛剛我們談的是因應老年的態度，雖然上述作法都不見得有效，但是除此之外，我們常見的還有老年人對自己年歲漸長所表現出來的敗陣姿態。許多老人家在一開始就採取這種態度去面對老年，而且這樣的人還不在少數。這些人動不動就把「我年紀大了」掛在嘴上，比如說，到醫院去就常見到許多老婆婆在互通姓名之前，先詢問彼此年齡的情景。這時候，假如對方比自己年紀大，就會因為自己少幾年歲數而安心。相對的，如果對方年紀比自己小，馬上就會像瀉了氣的氣球一樣有氣無力。

大家應該有不服輸的精神，一天到晚把年齡掛在嘴上，便不可能戰勝老年。而老年痴呆，便是從放棄鬥志開始的。之所以會發生老年痴呆，主要是因為自己無法主宰一己之意志，客觀面對老年，在這個時候便容易迷失自我，而耽溺在老年的迷思之中。這是各位都必須注意防範的事。

## 轉換老年心境

接下來我想談談面對老之將至，如何扭轉乾坤這個問題。面對老化，該抱持什麼樣的態度？同時在無法解決老年問題的時候，又該如何調適自己的心態？我想，這不啻為因應老年的第三個對策。

最有建設性的作法是重新拾起年輕時無法完成的興趣，我認為這正是超越老年最重要的智慧。

在美國，有許多供老人居住的公寓住宅，這些住宅通常都蓋得非常好。很久以前，我曾經在夏威夷住過一段時間，在我每天必經的路上就有這樣的老人住宅。每天經過這些住宅，我不經意地發現有幾個窗口垂吊著觀葉植物等種種美麗的裝飾，但有些窗口就空無一物。從外觀看，窗戶裡是不是住著人不得而知，總之那窗口看起來是那麼動人。在好奇心的驅使之下，我不禁去問住在附近的老人家，他告訴我，窗口有植物裝飾的都是日裔的老人，通常西方白人不會這麼做。我聽了恍然大悟。

雖然這段插曲發生在美國，但是由此可知，即使在美國這樣的西方國家，傳統的日本人都還具備造形文化。在小地方建築別具洞天的世界，同時從小處發現自然的美感及溫柔，這些或許都是從傳統文化中學習得來的。夏威夷老人住宅窗口的風景，讓我留下極為深刻的印象。

老年之後，不管什麼都可以，只要能夠發揮自己的興趣便可。年輕時礙於現實無法繼續的希望，如果能在老年之後重新再來，讓興趣在自己身上生根，積極學習，從而在興趣中尋得生命的動力，這不就是超越老年最寬敞的一條大道嗎？

## 諦視老年

第四個因應老年的對策，是「諦視」。意思是深切體認並仔細觀察。日文的「諦」字有死心的意思，這是因為原來這個字取「看清真相」之意，漸漸衍生之後才變成死心之意。諦視意為「看清、究明」，也就是說細觀老年，深刻體認老年。我想，這也是因應老年的重要態度。

先前我曾提到仙涯和尚的狂歌，建議各位每天像照鏡子一樣念一遍，這種客觀面對老年的態度，也可算是諦視老年、體認老年的一種正確態度。

知名作家武者小路實篤曾以「老」為題吟詩歌詠。武者小路實篤九十高齡過後方辭世，這首詩是他八十八歲時的作品。他畢生崇揚自由主義及樂觀主義，在宮崎縣設立的「新村」，也為眾所皆知。其詩如下：

老年之心

我能活到什麼時候？
誰知道呢！
只是總有一天我將死去
至少這是必然的

心知死亡終將到來
但不太悲觀
死亡是理所當然的命運
我祈求臨終不要有太多痛苦
但多慮亦無用
人就是人
活著的時候至少多做一些好工作
雖然好工作未必有什麼建樹
但我想有份好的工作
因為世界如此美好
因為這種想法就是美好
雖然這樣仍沒有什麼用處
但這就是我的快樂
有這種想法的、屬於我的快樂

這的確是一首歌詠達觀、豁達世界的好詩。人都不想在死前受到折磨，但活著的時候想這些又有什麼用？每個人都希望有一份好的工作，但這對終究會逝去的生命又有什麼幫助？人總是許下許多願望，並汲汲營營經營這些願望，但是這些願望卻總無法在心中生根。我認為這真真是一首透視老年心境的作品。而且我也相信在我們的面前，有許多諦視人生的前輩走過。

以上談了許多我個人的觀點，也許因為環境、立場的不同有因應態度上值得商榷之處，但是我想這些都不啻為因應老年應有的態度。

發揮自己的興趣，扭轉年老的乾坤或可為一種生活態度，或者是看清老年的真面目，帶著達觀澄澈的心情去面對也是好的。不過話說回來，個人的能力因人而異，因此每個人所面對的問題通常也都不一樣。但不論如何，我想以上的各種方法都是現代人可以嘗試的。

## 五、因應「死亡」的一般態度

## 對抗死亡

前面我提到的都是針對「老」的因應辦法，接下來我想跟各位一同思考「死亡」的問題。如同前面所言，因應死亡也同樣有幾個辦法。其中之一便是跟死神奮戰到底，追求長生不老的生命。古代中國有求長生不老藥的故事，在日本也有返老還童的養老乃瀧傳說，反觀今日醫學及醫療的發展進步，不也可以說是出自於人類跟死亡奮戰的結果。

的確，醫學漸漸滿足了人追求長生的夢想，延長了人的壽命，但是這畢竟是有限度的。因為肉體不死是絕不會發生的。

因為人們都希望臨終的時候走得安詳寧靜，因此最近臨終關懷受到廣泛的重視。反正只要是人最終都難逃一死，那就至少死得安詳。為了成全人們的願望，於是臨終關懷便應運而生。然而，不管臨終關懷如何能讓病人寧靜安詳的面對死亡，基本上終究是沒有解決死亡本質的問題。而且，在臨終的那一刻，大家是不是都真的非常平靜亦不得而知，因此，問題還是存在。

另外人在無助的時候，會像溺水的人，連一片葉子都不放過，從而求助於神佛等宗教慰藉。企求長生的消災延年思想至今仍以不同的形式存在於不同的宗教世界，當然毋庸贅言，宗教的助力其實也非常有限。在這個層面上，我們可以知道，人們從古到今雖然一直努力與死亡對抗，卻遲遲未能找出根本的解決之道。

## 逃避死亡

在沒有辦法解決死亡的情況下，人們第一個想到的便是逃避，不跟死亡周旋而直接逃避。換言之，就是不再深刻去思考死亡的問題。舉例來說醫院裡通常沒有四樓或以四為號碼的病房，因為大家都忌諱跟「死」牽扯上關係，同時也避免談論有關死的話題。現代人為了遠離死亡想出了許許多多的點子，但是不論人類怎麼努力，還是沒有人能夠避開死亡，所以說這些作為真是白費心機。儘管如此，這種駝鳥心態，還是人們因應死亡最常採取的一種辦法。

## 因應死亡的替代心態

人類對死亡所採取的第三個因應態度是反正難逃一死，乾脆就退而求其次，求一個死後安居的所在，這或可稱之為補償性心理。

目前蔚為風潮的墓地靈骨塔熱正可說是這種心理的最佳表現。以前，我曾在某雜誌的廣告欄，看到一則墓園廣告的內容寫著景觀優美，可眺望靈峰富士，這真是奇怪的說詞，難道死後躺在墳墓還能遠眺富士山嗎？活著的時候好不容易掙到一方屬於自己的居所，之後開始便要擔心往生之後的居所，這樣的心理不難理解。觀察現今社會不難發現墓地或靈骨塔的買賣非常盛行，這或許正說明即使生命、肉體煙消雲散，但是至少死後想要留點什麼在這個世界上，至少留個名字吧，留個名字好好刻在墓碑上的心態。

日前，我聽東京從事相關事業的人士說，戰後建的墓園中有許多蓋得非常好的墳墓，但是其中有不少已然不再有人前往憑弔。據說，戰後不過四十年的光景，這樣的墳墓卻已漸漸多了起來。似乎死後的世界競爭也越來越激烈，這叫人怎麼死得瞑目？生前汲汲營營累積的財富既然不能帶到另一個世界，那就讓給後代子嗣，總之，面對死亡，人總是會在自己之外，找個替代的對象，不管是將財產過繼給後代，或是為自己造個墓園，人都會找個自己死後的替代品，以求解決死後的問題。雖然這也不是一種解決死亡最好的辦法，不過卻也是一種面對死亡的態度。

## 賦予死亡的理由

最後，因應死亡的第四個方法便是解釋死亡，就是用某種理由去解釋死亡。人都不想死，但又難逃一死，所以就找出種種理由，諸如死有輕於鴻毛，重於泰山，死可以是為國捐軀，或是因為某種理由奉獻一己的生命等等，解決對死亡的恐懼及空虛。這種作法或許可以說是一種轉換的心理，目前仍為日本問題焦點的靖國神社便是賦予死亡一個理由最典型的例子。相信大家都知道靖國神社糾葛著許多複雜的內因，姑且不論這些，靖國神社美化死亡的功能，其實便純然只是一種對死亡的解釋。相信大家都能理解，隨著時代的推移，看待死亡的觀點會有所不同，對死亡的解釋相對也會不同。

以上很簡單的大略跟各位談了從古至今，人類因應死亡的態度與作法，不過，不管是老年或是死亡，我想至今人們都未曾找到一個根本性的解決方針。

# 六、佛教因應老與死的態度

## 超越老與死的生存態度

那麼，佛教又是怎麼看待、因應老與死這樣的問題呢？下面我要提出我個人的一些淺見。在佛法，尤其是親鸞大師的教義中並沒有個別針對疾病、老年及死亡對症下藥的提出根本的解決辦法。釋迦牟尼也不過是為了求得這些問題的解決之道，從而一心求道而從中悟及佛教真義。由此可知，佛教面對種種人生的憂慮，只告訴人們基本的生存的態度及方法，教導人們在面對老之將至，面對疾病或死亡的威脅的時候，所該秉持的心性及態度。

也就是說，透過這些佛教教義的引領，人們得而形成一個新的人格主體，朝向理想的自我再成長並再教育。

相信大家都知道「自由」與「自在」二字。明治之後，這兩個字被翻譯為外來語「FREEDOM」而受到廣泛的使用，但事實上，這兩個字是出自於佛經。學習佛法，甚而領悟佛法的人，胸中存有真信心的人，都是能夠成就新主體人格的人，這樣的人能夠在真理的基礎上樹立自我的生存之道。諸如此類能夠活出人格主體的人，就稱為自由人、自在人。

不管疾病如何侵蝕肉體，老化的程度是不是越來越嚴重，都不會因此就讓疾病或老化主宰自己的主體意識，而能貫徹佛法的教義，並讓真理落實在自我的生命之中，從而活得自由自在。這便是修行佛法，具有信心的人的生活態度，也是「自由」及「自在」兩字的真諦。由此亦可知，自由並不是指狹義的擺脫外在的束縛及約束而已。雖然歐洲對自由的解釋傾向於擺脫外在束縛，認為不受干涉便是自由，但是就佛教而言卻不然，佛教認為置身於生老病死的種種現實之中，不因此迷失自我，反而能夠隨順真理與真實，同時堅持此一信念方為自由。這正是從內在所見「自由自在」的真義。

## 信仰佛法便是確立新的人格主體

親鸞大師示諭世間人信奉佛法，並不是要大家囫圇吞棗，在不了解佛法真諦的狀況下盲從信仰，所謂的信心，也不會出自於這種膚淺的宗教態度上。親鸞大師弘揚佛法，要我們在生活中充滿對佛的信仰，每天雙手合十誦經，透過虔敬的信仰，培育出新的自我與新的人格，讓自己有所成長，有所成就。

「育」字上面的「𠫓」寫成倒過來的「子」字，有如胎兒在母體中蜷縮倒轉的樣子，而下面的「月」則是「肉」的變形。由此衍伸為讓孩子成長的意思。今天我們遵從親鸞大師的教誨學習佛法，受佛法的教化，就算有一天肉體終將因年老而腐朽，但是我們的心靈與生命都將日益豐盈，日益茁壯。如此成就生命，超越老年去開拓新的大道，即使面臨死亡，都能從容地在死亡陰影中活出新的生命意義，這就是親鸞大師所要告訴世人的真義。方才我所提到的自由人、自在人，就是透過佛法信仰所成就的新的人格與心靈。而所謂佛道一以貫之，終將回到這個原點。

尤其是淨土真宗跟親鸞大師所說的因佛獲救，其實並不是像撈金魚一般等著被解救。如果只是一味等著佛祖網開一面，讓自己從凡塵往生到極樂世界，那就不是佛法所謂的超生。

## 為佛所救是謂「渡」

受到佛的解救正是所謂「濟度」。也許大家曾經聽過這個詞，其實這個詞出自於古印度經典，有一個字「uttarana」，意為「橫越」、「渡過」、「超越」，經過漢譯之後就成為今天大家耳熟能詳的「濟度」。看字面即可知「濟」字有著三點水，代表著渡水，亦即渡河、渡海之意。另外也有事物終了、結束及相等的意味。「度」也同樣具有上述這些意思。寫著水字邊表示渡海渡河，沒寫水字旁則表示越過山谷，所譯不管是「濟」或是「度」都有越過、超越的意味在，而這就代表受到佛的解救。

但是，所謂「渡」並不是輕鬆的走過坦途，就像我們橫越馬路必須穿越重重車陣，雖然危險，卻也得小心走過。又如穿越水路，必須克服種種障礙，才能破水前進一般，心無旁騖，唯心唯念朝一個目標前進才是「渡」。信仰佛法，期待受到解救的過程，正如前面我所提到的，我們必須在修習佛法之中成長新的自我，從而一步一步確實走過過去所無法面對的種種苦難與崎嶇，能夠這樣才可稱之為「濟度」。

對於不論如何都會到來的老年問題，以及不知何時何地會以何種形態接近我們的死亡問題，過去人們都絞盡腦汁用盡所有的方法，想要對症下藥求得解決的方法。人們的努力使得生命的確能夠有所延長，似乎也能因此拉開了與死亡的距離，然而畢竟無法完全避免老年與死亡。既然如此，則面臨老年與死亡，所謂的解決之道為何？前面我再三提過當初釋迦牟尼以老與死為基本命題去探求，從而悟道之後教諭眾生的真理，以及親鸞大師深入淺出讓我們在修習佛法中超越老、死，讓自己真正成為自由人、自在人兩點，相信才是解決老死問題治本的方法。

我們無法預知未來，因此，或許我們會死得非常不堪，也或許不管準備工作做得怎麼好，我們都還是會面臨又醜又老的人生。但是，只要是自由人、自在人，則不論是多麼悲慘的人生，或是多麼苦難的年歲，都能確實一一渡過。我們的當務之急，便是訓練自己成為一個真正的自由人、自在人。

面臨死亡卻無可奈何，不論怎麼和老化對抗，還是毫無勝算。面對人生最大的問題，我們該如何去因應？關於這些現代人容易忽視的課題，我們都必須從不同的立場和角度認真思考。而佛法，將在我們思考這一層問題的時候，賦予深度的智慧。

## 七、憶家父之死

最後我想談談我個人的經驗。家父在不久前過世，就在即將滿九十五歲之前，像棵枯木般悄然離開世間。

那天，我一如往常抱著父親面向佛壇讀經。從「光顏巍巍」開始的〈讚佛偈〉開始念……。通常，如果我不在旁邊幫忙，父親就會讀得章法盡失，因此，每次只要我一回故鄉，就一定會陪著父親讀經。當天也不例外，我敲著鈴雙手合十的誦著佛經。因為我任教於京都大學，因此當天黃昏，便如往常一般在枕邊告訴父親「我到京都去一下，明天會再回來」，然後就搭新幹線往京都，誰知到京都家裡的時候，就接到父親過世的電話。他死得如葉落般寧靜。

家父從年前便臥病在床，在這之前，通常他最常問我的一句話是：「你什麼時候退休？」這是因為我不肖，將鄉下的寺廟交給家父掌管，所以父親這句話其實是帶著在我退休之前，他還得撐著的意味。但自從去年他倒下之後，便未曾再聽他說過什麼。我一廂情願地把我的不肖解釋為父親延長生命的動力，而家父到最後也都沒有放棄等我退休回家接管寺廟的信念。雖然這是不可能的事情，但是因為自己有自己的存在價值，所以才有堅定的人生目標吧！也許家父之所以會如此長壽，也是因為有這個原動力支持的關係。除此之外，家父非常喜歡種植菊花，連病倒在床上了，都還念念不忘他的菊花。畢生擔任鄉間寺廟的住持，唯一的興趣便是養菊，我想這或許就是家父一輩子的生命價值！

家父辭世稍前，有一位跟父親小學是同年級的老醫生來探望他。這位醫生年紀跟家父相去不遠，他的兒子，正是家父的主治醫師，常常為家父看病。在獲知父親大限不遠之後，老醫師便來探望家父。這位老醫師雖然行動不甚方便，但還是由護士陪著，到家父的病榻邊，拿出他的聽診器，悉心的將聽診器放在家父乾癟的胸口上為父親診斷，然後對著連講話都有些困難的家父說：「老哥，再忍一會兒就好了，我隨後就到。」倒由醫生反過來去渡和尚了。不知家父是不是聽到這句話了，雖然說不出話，但卻笑了，而且還揚起一隻手拼命揮動著向老醫師致謝。我看著深受感動，換作是我，我也希望在這樣的醫師守護下死去。老醫師用「再忍一會兒就好了」

這句話告訴將死的人大限將至，而且還告訴對方「我隨後就到」，多麼有深度的心靈！而父親則用一句「謝謝」化作對老醫師的道別，這份心意交流，讓我見識到最醇美的人間景致。

雖然老醫師只是一個窮鄉僻壤的鄉下醫師，但我卻認為他是一個非常卓越的醫師。對於鄉下有這樣一個能夠和病患共同討論死亡，共同分擔死亡之苦的醫師，我感到非常慶幸。家父死後，因提及在佛壇中放了遺言，所以我便找來看。裡面寫著：「念佛為生，後會有期」。我越來越覺得，原來，面對死亡，我們還有一個溫馨的世界。

在漫長的佛教傳統之中，不管是淨土真宗或是親鸞大師，一直都談一個主題：「往生」。這也是我想告訴各位的。所謂「往生」，就是往而重生。死是到另一個世界重新開始新生命的往生思想被現代人逐漸淡忘，但我卻認為這是一個非常重要的觀念。能夠互相期待後會有期的世界，真實存在，我想也唯有活在這種世界的人才能真正解決老化的問題，並真正超越死亡。

往生思想在綿延三千多年的佛教歷史中不斷的受到闡述，我衷心希望年輕的各位，在所處的現代社會中，再一次深刻思考透過念佛達觀的豁達世界。這應該是能夠真正超越死亡與老年的唯一途徑，同時也是我近來最深切的體認。感謝各位的傾聽。

# 老人、醫師與僧侶

早川一光

# 一、醫師之責任及僧侶所扮演的角色

## 僧侶的過去帳本、醫師的現在帳本

我們醫師每到感冒流行的秋天，便特別地忙碌，而僧侶，則是每逢農曆七月便特別繁忙，我就常在出診的途中，看到和尚騎著摩托車，風吹起衣襟飄飄然的景象。

神職人員有所謂的「過去帳本」，每個僧侶身邊都有一本記著哪家該舉行一年忌，哪家該舉行三年忌、七年忌、十三年忌、或是五十年忌的記事本。我想他們應該都是依著這個帳本，騎著摩托車去為人作忌日的吧！相對於此，我想也許可以說醫師也有一本「現在帳本」作為出診依據，上面記載著患者發燒、腹痛、頭痛等不舒服的症狀。為解決這些疑難雜症，不論何時何地都得出診看病，便是我們身為醫生的職責。

到別人家裡為人看病，這一點僧侶跟醫生頗有雷同之處，但還是有相異之處。

我今天本來想要穿白色醫師服來參加這個會議，但因為天氣太過炎熱而作罷。而且，如果我穿醫師服來，大家看到醫生跟僧侶湊在一起，可能會錯以為我們聯手不知道要作什麼，這又不是個好現象，所以便換穿了平常的衣服。

各位請不要拘謹，盡量放鬆心情聽我的演講。

我的斜後方安置一座阿彌陀如來佛像，通常師父坐在佛像前誦經的時候，大家也都會雙手合十跟著一起虔心念佛。這時的表情，跟在醫院候診的神情真是大異其趣。候診時每個人的表情都不從容自在，只要等個差不多一小時，就會暴跳如雷的過來抱怨「我已經等一個鐘頭了！」「我是幾號啊？為什麼那個人比我後到都比我先看！」「等得好累！」等等，這些表情看起來有如夜叉。

在座的各位也會這樣，在佛前也許神態溫柔，但是一到醫院就會變身為夜叉。看到別人先就診，會產生「我比他先來，為什麼他後來居上」的想法。對於這種情況，我看在眼裡總是百思不解。同樣的人，為什麼在醫院會有這樣的反應？我總覺得寺院跟醫院屬於親戚關係，因為都有個「院」字不是嗎……？

## 身病與心病

我們醫師醫治的是身體的故障，比如說疼痛、呼吸困難、發燒等等。這是醫院的工作。相對的，我一直認為解決心靈痛苦是神職人員的工作。因此，僧侶跟醫師沒必要共同參與這項演講。然而，像過去所有醫師一般只為人看病而不管其他的作法，似乎漸漸為時代所淘汰。

我們醫師所犯最大的錯誤便是只醫「疾病」而不看「病」。大家都知道「疾病」跟「病」不同。「疾病」指的是臟器的損壞。比如說肺不好、肝不好、腦不好等一個個內臟器官所發生的障礙就叫做「疾病」。當這種障礙發生的時候，各位會擔心身體這也不好，那也不好，這時候，這份擔心便形成「病」。在這裡必須先請大家清楚區分兩者之異同。

只要人活著一天，內臟器官的障礙便絕對會發生。人不可能永遠都健康無礙，也不可能一輩子都沒有任何病痛就死去。大家的身體正如同六、七十年都不曾接受過保養檢查的車子。車子兩三年就必須作一次保養檢查，但是人卻沒有。雖然不作檢查也能無事活到現在，但是只要一到醫院看病，便能得知身體損耗的程度有多大。

人無法自疾病逃脫，我們的身體到處都是病。就算是車子，開個六、七年輪胎便會磨損，抓地的紋路幾乎被磨平之後，即使踩了煞車還是會打滑。接下來，引擎不容易發動，漏水、車門車窗不容易關等等問題將陸續出現。畢竟這些全都是機器傳動，所以發生故障也屬理所當然。機器尚且如此，就不要說是人體六、七十年都不曾接受過保養，故障在所難免。我用聽診器聽各位的身體，可以發現各位毫無疑問的每個地方都有故障。但是既然要繼續活下去，就不需要一一在意這些身體的故障，現在我最希望的就是在座的各位就算有「疾病」，也都不要讓這個疾病轉化為「心病」。

這並不是說叫各位不要擔心，而是要各位用點心思去對待身體的障礙。我們的車子（身體）引擎如果不容易發動，就多花點功夫去熱車，或是早晚蓋上車蓋善待之，這些功夫絕不可省。既然身體已經生病了，就好好跟疾病和平共處。喪失跟疾病和平共處的心境，鎮日怨天尤人的生氣「為什麼我會生病？為什麼只有我受這樣的苦？」才是真正的疾病。

前幾天發生這樣的一件事。一位住在西陣的老太太來告訴我說她睡不著。睡不著對人來說是很嚴重的事，基本上三天不睡覺就可以要人命。比如說被關進小房間，一天二十四小時都不能睡覺，持續三天下來，身體就會撐不住而垮掉。因此只要三天睡不著覺，任誰都要擔心。可是經過我詳細的一再檢查，發現老婆婆的身體實在不像是沒睡覺的樣子。這只要經過醫師診斷不管是誰都可以馬上知道。

因此，我問老婆婆睡覺的時間。她回答我：「大概十點鋪好被，本想馬上入睡，但我本來就不容易入睡，過了一個小時都還醒著。」我再問她：「你怎麼知道過了一個小時？」她回答道：「因為我聽到十一點的鐘響了。」接著她繼續說：「我連十二點的鐘響都聽到了。」因為隔壁是兒子夫妻的房間，所以老婆婆說：「我這麼難以入睡，兒子夫婦卻打著沈沈熟睡的鼾聲，叫我怎麼不生氣？結果越生氣越睡不著覺，眼睛睜得偌大，連一點的鐘響都聽得清清楚楚。」「聽到兩點的鐘響，我越來越不耐煩，心裡直想天怎麼不趕快亮？等到東方有一點亮光，就等不及的出去散步了。走了一圈之後又再回家……我昨晚一晚又都沒睡啊！」這西陣的老婆婆這麼告訴我。

我覺得奇怪，心想不可能這樣，仔細一問，才發現不是這麼回事。原來老婆婆睡了，可是每到鐘響她就醒過來，聽完鐘響又睡去。明明睡著了，可是她卻覺得自己沒睡，睡不著，這就是病。睡不著，因睡不著而擔心在意就是病根。人只要躺下來就能達到休息的效果，以為沈睡才是睡覺是不對的想法。試著躺在床上讓自己慢慢入睡，一定睡得著。之所以睡不著，是因為心裡一直想著要睡覺的關係。

只要你看到車站鋪著報紙睡在地上的人，您一定會覺得能在榻榻米上鋪著暖被睡覺是值得感謝的。這樣一來，您絕對睡得著。就是因為一直想著自己睡不著所以才會動怒，就像老婆婆聽著隔壁房間兒子的鼾聲，會產生「為什麼只有我睡不著」的想法一樣。這時候心病便會伺機而起。認為只有自己睡不著的想法，真是要不得的錯誤。我們能夠在擋風遮雨的家裡，安睡在牀上，就已經是很好的了。在這裡，我想教育人們惜福感恩的，應該不是我們醫生，而是神職人員的工作。因為醫生光是診斷病患就已經精疲力盡了，根本沒有多餘的心力去治療人心。

## 「心靈的故鄉」京都

我認為僧侶等神職人員長時間以來對這件工作有所怠慢。光是拿著過去帳本巡迴在家家戶戶之間是不夠的。最近四、五年之間，寺廟的僧侶們不斷跟京都市政府抗爭，爭執該不該開放寺廟，或者是該不該讓民眾參觀佛像等問題。我想，就這一點來看，僧侶們的想法似乎有點偏差了。

京都是觀光勝地，是供人們思考的地方。戀愛、失戀、婆媳不合……等有種種煩惱的人們，會希望到安靜的寺廟瞻仰佛的容光，而專程不辭遠道而來只求一睹彌勒菩薩的尊容。但是寺廟方面卻關起大門，不准人們參觀。試問，僧侶有這種權利嗎？彌勒菩薩既不是寺院的僧侶雕出來的，自然管理守護的僧侶便沒有不准人們參觀的權利。人們認為瞻仰彌勒菩薩的容顏可以悟出真理，從而解除心靈的煩惱，所以到京都來。然而僧侶們卻阻斷了人們的心願，您不認為這種作法是不對的嗎？

我雖譴責僧侶，但卻並不表示醫師就沒問題，醫師也有同樣的傲慢之處。大約在十五、六年前，因健保點數的問題，醫師們發起罷診抗議的活動。罷診的動作引起京都及全國的注意，而發生政府請求醫師為病人著想，跟醫師以恢復診斷為籌碼，要求提高健保點數的拉鋸戰。仔細想想，在這場爭執裡，醫師完全漠視了病人的權益，身為醫師不為病人看病本身就不對。病人有病在身，就像在座各位到寺廟求取安心也是因為心靈有病，這個病無法對他人言說，無從投訴，既不能跟自己的兒女說，當然更不可能跟媳婦說，千頭萬緒的煩惱無從訴，只好求助於寺廟一樣……。

我認為京都是供人們思考的所在，換言之是心靈的故鄉。各位因為身居京都所以也許並不感受到身在京都的福氣，但是對外地來的人而言，京都卻是居住無上的好環境。常常，本地人會抱怨京都夏天太熱，冬天太冷，而且人們的心術不正又討厭，然而對於到京都來觀光的人而言，卻只發現京都的風景之美、月色之美和河川之美，對京都之所以存有一份憧憬，乃在於京都對這些人而言，是心靈的故鄉所致。

心生煩惱的時候到京都可以洗盡心靈的塵埃，所以京都是心靈的故鄉。從而在臨去前會有不虛此行，下次還要再來的心情，便是京都之所以令人稱道的地方。來京都觀光求的就是這份沈靜，藉由一趟旅行，京都可以為觀光客洗去心上的污漬、黴斑、或是塵埃。而我們京都人的使命便是讓這些前來觀光的人臨去不捨，能夠再次到京都進行心靈之旅。因此，當觀光客遠道而來卻不讓其瞻仰佛顏，是不正確的。

我認為不讓人們瞻仰佛容跟醫師拒絕為病人看病的休診戰術是同樣的。醫院應該是只要患者有病，便隨時敞開大門候診的，這也就是為什麼我們堀川醫院的員工堅持醫院大門二十四小時都不能關閉的原因。即使是深夜都不能熄燈，不僅玄關燈是亮的，門燈也不能關，而且只要玄關出現人影，就一定要馬上打開門。不管實際上是不是有人會在深夜前來求診都無所謂，因為醫院本來就必須為病患點一盞燈。不管夜多深，這裡點一盞燈，只要身體有一點痛，一點苦，隨時都可以來。只要來了，醫院的大們就會為病患敞開，這才是醫院的職志。

各位一定都有深夜自己的孩子或孫子發燒生病，急急忙忙帶到醫院卻發現門關著，燈也沒開的經驗。這時候您是什麼心情？吃閉門羹的不耐一定很難受吧！這時候比起孫子額頭的熱度，您一定更掛心到底什麼地方才有深夜門診，就因為這樣，我們堀川醫院才堅持大門二十四小時敞開。我認為醫院必須無時無刻敞開大門，秉持這個原則，堀川醫院過去四十年來總是二十四小時敞開大門候診。有鑑於此，我希望寺廟也能隨時為世人敞開一扇門，絕不要有五點關門或是中元普渡時節便謝絕參觀的限制。只要身體不舒服就來，雖然人手不足，但願意馬上為病患診治，這不才是醫師應有的心態嗎？倘若醫師喪失這個原則，很容易導致患者對醫師及醫療行為的不信任。只要病患對醫師產生不信任，自然就不會再去相信醫師的醫療。醫生說穿了也是人，不論是那個醫師，睏的時候會打瞌睡，生氣的時候也都會發脾氣，所以說醫生不是佛，雖然一心一意想要接近佛，但是終究距離太遠，到不了佛的境界，而只是人身。雖說如此，至少至少，醫院應該制定出只要有病人就必須應診的體系。不論是醫生或是僧侶，都必須隨時開一扇門。我聽說教堂從不關門，相對於此寺廟卻不開門，這不是很奇怪嗎？寺廟必須改變作風，讓人們無時無刻都能夠進去，畢竟人的煩惱無關乎中元節或是新年，煩惱是一天二十四小時伴隨著人的。

## 心病無藥

我常想，身在心靈故鄉京都的僧侶們其實不該無情若此。偌大寺院的大門邊蓋著一間小木屋，僧侶們在這裡穿著袈裟仔細地端詳來觀光、參拜的人們。只要一有隊伍過來，就緊張的直問「有多少人？」如果有二十五個人，接下來便急著算二十五張票，而且不斷的問「幾張票？幾張票？」一再確認只怕短少。他們不斷念著「幾張票、幾張票……」（笑）這讓我們忍不住想開僧侶的玩笑，說不斷問「幾張票」是僧侶檢查入場券時的佛號。

我認為醫療行為跟寺廟同樣都需要深入人心為人們解憂。然而，診斷身體的疾病就已經讓醫師們精疲力盡，實在無法多花心思去注意病人的精神層面也是實情。當身體有病痛，呼吸困難的時候，就是醫師上陣的時候。我所學的醫學以人工呼吸以及心臟按摩為中心。對於呼吸行將停止的人，我們學習切開氣管插入管子讓呼吸順暢，同時為了治療，我們有拿起手術刀切割人體進行醫療行為的執照。

為了盡早救治痛苦的生命，不得已需要用手術刀進出人體，即使流一點血亦在所不惜，所以我們可以自由自在地切割病患的身體而不構成傷害罪。也正因為如此，醫師才能安心地切割病患的身體。我們醫師所學在於根除各位呼吸的困難及身體的病痛。大家都知道癌症末期非常痛苦，為了減輕這份痛苦，我們學習用麻醉的方法緩和這份疼痛。但是對於病患對我們說「醫生，我好怕死，我的孩子還小，我死不瞑目」的恐懼，我們卻束手無策，無法救助死亡漸漸迫近而心存恐懼的病患。這時候，連我們醫生自己都會受不了的想著有沒有什麼藥可以消除恐懼。當然，這種藥是不存在的。

對於內臟器官的疼痛及呼吸上的痛苦，醫師都可以想辦法減輕，但是病人對死亡的恐懼只能讓醫師束手，因為醫師實在無能為力。事實上，雖有醫治身體的藥，卻沒有醫心靈的藥。所以各位就算是夫妻吵架，或是來告訴我們「我們家女兒居然愛上那種人，您有沒有什麼藥讓她可以不再喜歡那個男人？」我們都只能告訴您，世界上沒有這麼方便的藥。就像以前不是有首歌：「愛上了就無可救藥，不管是醫生或是草津的湯藥都沒有用」一般，正如沒有讓人喜歡上某人的藥，也沒有讓某人討厭某人的藥，那就更不要說有讓彼此相愛的人反目成仇的藥了。

我常常在出診的時候眼見許多婆婆對媳婦說：「我就是不想讓你照顧我！」每次見到這樣的情景，我總是心想何苦多這句話。相對於婆婆對媳婦發脾氣，媳婦也會不甘示弱的丟下一句：「我再也不要照顧你了！」簡直就是水火不相容。這個時候，如果有一種讓彼此喝了就能和顏悅色的藥不知該多好，但怎麼可能？沒有什麼藥可以讓人陷入愛情，一如沒有什麼藥可以讓蝶螈焦黑的膚色變白（笑）。我雖身著白衣昂首走在醫院的長廊，但是治得好人體的故障，卻治不了人心的障礙。人心的障礙無藥可醫，我希望各位能夠理解。

# 二、從老人的醫療現場出發

## 設立「死亡學」正是時候

告訴我恐懼死亡，我也無計可施。對我來說，探視癌症末期病患或是已經無藥可救的病患病房是最痛苦的事，那總叫我因恐懼而腳步沈重，充其量只能問候病人一聲：「你好嗎？」便無話。每每巡查病房，我總深深體會人面對死亡時的無力感。只要是病人還有救，我便能抬頭挺胸的拍拍胸脯告訴病人：沒問題，包在我身上！然而換作行將死去的病患，就算是我告訴他我陪在他身邊，也沒有絲毫用處。如果病人告訴我他害怕死亡，而我把著病人的脈搏告訴他：「人生在世，有生就有死，不用那麼擔心。太過在意死生才是病。」然後更進一步引佛經的說法告訴他：「死生之間有佛便無所謂死生，只要記住生死即涅槃，不厭死生，不樂死生，便能脫離死生。南無阿彌陀佛，南無阿彌陀佛，南無阿彌陀佛……」我想病人一定會嚇一跳，以為自己已經不在這世間，搞不好已經到了另一個世界。

眾所皆知，醫師能力有限。因為醫生只學治病，學的只是治療醫學，而沒學怎麼讓人平和死去。雖然我認為可以設立「死亡學」，但我卻沒學過這門學科。我們都只學怎麼延續生命，而沒學怎麼讓病患死去。不只一次地，我們都面對是不是該停止輸送氧氣，或是該關閉人工復甦機的開關的抉擇。對於癌症病患呼吸困難的最後一刻，能夠為其減輕痛苦的措施便是停止打點滴、中止氧氣輸送以及停止心臟機能作用。但是如果真的這麼做，則構成殺人罪。很有可能被質問是誰授權殺人的！

醫生領有延續生命的執照，卻沒有獲准殺人的許可證。沒有獲准殺人許可證的我在想要停掉病患點滴的時候，手總是不知道抖得多麼的厲害。只要拔掉這支管子，這位老先生兩分鐘後就會死去……這樣的緊要關頭，我們身為醫生的人，總有說不出的痛苦。

我認為今後大學醫學院的學生都必須修「死亡學」這門學科，要不然，醫學院的學生就太可憐了。只教學生學習如何延續生命，而不曾讓他們思考死亡的方法以及想法是過去醫學的漏洞。因此，我在這樣的想法之下，考慮在堀川醫院設立「死亡學」。

我認為「死亡學」可以設立，怎麼樣才能死得好，這樣的學問誠屬必要。過去我們所學的醫學思惟模式已不敷現代使用，因此，醫師與僧侶等神職人員在往後的時代裡，必須戮力合作。或許醫生跟僧侶合作之後就沒人敢來看病了，也許有人會覺得讓早川醫生看了病就完了，這怎麼叫人受得了。可是我卻認為如果能跟僧侶一起巡視病房，效果會事半功倍。

根據統計，能在榻榻米或自己家裡嚥下最後一口氣的人真是少之又少，大概只佔了一成或兩成，其他的十個人之中有八個人是在醫院辭世。望著白色的天花板，被白色的窗簾包圍，躺在床上叫一聲「啊」之後便嚥下人生的最後一口氣。可是這時候，身上的氣管已經被切開，點滴的針孔佈滿身體各部，鼻子插入管子，排泄物也得經由導尿管，在這樣的情況下就一聲「啊」的結束自己的生命。這樣結束生命真的好嗎？

每個人都想安然在榻榻米上闔眼度過人生最後的一刻，但如果大家真的都在家裡死去，醫院就得關門大吉了。病人將死還活之際是醫院最賺錢的時候。病人掙扎在鬼門關的時候，醫院會為病人打點滴，給病人套上氧氣罩，在病人身上插入管子，進行二十四小時的醫療。如果心臟有快要停止跳動的跡象，便導入電流，致力於讓心臟維持運作。不知各位是否知道，現在有一種像盤子一樣的電子儀器，可以在心臟停止跳動的時候，把這個儀器貼在身體兩邊，導進高壓電流。操作儀器的醫生會在隔壁房間控制機器，因為太過靠近會被電，所以只好離遠一點來發號施令……（笑）。之後，電流會發出打雷一般的聲音流進心臟，然後停止跳動的心臟會因為這外來的刺激再度開始跳動。也許不應該這麼說，可是有些醫生就在導入電流的時候，心裡也正盤算著趁機好好地賺上一筆……。本來想盡辦法讓心臟維持跳動應該已經夠讓醫生們全神貫注的了，可是每次在心臟導入電流時就像倒入源源不絕的金錢也是事實。

因此，現今的醫療體系之下，重病病患要簡單地死去也不是件容易的事。要是這些病人輕而易舉地兩腿一伸就死了，那醫院不就都沒收入，而只讓辦喪事的僧侶們賺盡好處嗎……（笑）。

## 榻榻米上大往生

很多人都希望死在榻榻米上，我相信這是他們衷心的願望。堀川醫院有兩百四十床病床，但只要問病人，大家都會說想回家，也就是說，他們都希望自己在家裡死去，我也是。所以，我們會極盡所能地達成病人的願望，這也是我的生命職志。我相信未來醫生的工作將包括讓病人安然在家裡往生，也因此我寫了《榻榻米上大往生》一書。

因此，我要為不畏七月酷暑而共聚在此的各位，說明在榻榻米上往生的方法。要讓自己能在榻榻米上往生有三大條件，首要條件便是不要讓自己生必須住院的大病。各位千萬不要覺得好笑，基本上不要讓自己生必須住院的大病，意思就是要各位注意平時的身體保健。比如說夏天還不打緊，可是一到冬天，京都的街道便冷得像個冰庫似的，這時候千萬不能再穿高木屐。以為自己還年輕就穿著木屐招搖過街非常危險，一不小心就能讓你住進醫院。因為大家年紀都頗大，像各位這樣的老人家只要一不留神摔個跤，絕對就是骨折，而且是折成對半。所以說當你以為自己還年輕，不以為意地穿著木屐，想著就只是到附近走走應該沒關係的時候，就更應該小心。

老人的骨頭就像是失去水分的白蘿蔔，既缺乏水分，又沒有韌性，只要一碰撞，便會產生裂痕，連小動作都輕忽不得。有一個老太太就是因為不注意，一屁股坐到座墊上的時候，弄得腰部骨折。還有許多老先生、老太太在甩手的時候，一不小心碰撞到就骨折的例子。因此，明白瞭解自己的年紀跟身體的狀況對各位而言是非常重要的。在這裡我要呼籲各位謹記自己的骨頭不僅鬆弛而且漸趨空心的事實。

有一個住在西陣老太太的案例更是嚴重。西陣至今都還殘存許多老式建築，連電視都不像我們現在使用遙控器，而停留在以往的手動式轉台。這位老太太其實只要走到電視機前去關掉電視就好了，可是她偏偏用一個不自然的姿勢伸手去關電視，就這樣骨頭就斷了。隨著年紀增長，骨頭就會因為失去韌性而越趨脆弱。有鑑於此，我才要在這裡呼籲各位務必要瞭解自己的身體，否則就無法達成在榻榻米上往生的心願。

到一定的年齡之後，老年人就必須注意定時接受老年健康檢查，而且平時就必須自行管理留意身體狀況。定時量血壓，留意尿裡面是不是出現蛋白？有沒有出現紅血球、尿血或是便血的跡象？事實上，這就是決定能否在榻榻米上往生的重要條件。不謹慎保養身體，也不接受健康檢查，只是一味想要延年益壽，只能說是心存僥倖。

正如汽車需要要做定期檢查一般，老年人也必須做定期健康檢查。汽車若有故障還可以換車，可是人到老年卻無法換新身體，意即即使身體各處都有故障，仍須一直使用到不能動為止。因為地球上只有一個「我」，每個個體都是獨特的存在，所以無從更換。也就是每個人都擁有一個無從替代的自我，必須在無從替換的情況下，一直不斷的生存下去。我們並不被允許擁有唯一的生命，這是上天的賜予。正如僧侶們常說的，生命是被賜予的。我希望各位都能了解一個事實，就是我們被賦予誰都無從改變的生命。站在醫生的立場，我們不斷呼籲身體是一輛無從替換的車子，必須多加愛惜。而僧侶則從不同的角度告訴各位生命是上天的恩賜，不管從什麼角度出發，基本上僧侶跟醫師的出發點是一樣的。

既然難得到世間走一遭，有生之年就更應該愛惜這獨一無二的生命。在座各位不乏糖尿病、高血壓的患者，千萬不可因為肚子餓了，就毫無節制隨心所欲地飲食，讓自己吃得心滿意足。高血壓的人，就算是想吃鹹一點的東西，都必須讓這個念頭僅止於自己的腦子裡，嚴格地控制自己吃的欲望。所謂養生，聽起來讓人有惜命的感覺，但是事實上，珍惜可貴的生命，養護活著的生命才是養生的真諦。犧牲一些喜歡的東西，只要是為了活得健康活得好，相信都還是值得的。

如果一個抽煙抽到屁股都會冒煙的人，來要我讓他避免得肺癌，我想我只能說根本不可能。所以我希望嗜煙的人在犯煙癮的時候，能夠因為愛惜生命而斷然克制自己抽煙的欲望。相對的，如果有人是一早醒來沒酒精就坐立不安的話，我也希望基於養生的前提，斷然拒絕酒精的誘惑，愛惜生命。畢竟從早就溺在酒精裡還說要治療肝臟根本是天方夜譚。養生，才是在榻榻米上安然死去最重要的條件。

## 傾聽佛的願望

我常常像今天這樣應住持邀請去演講，聽眾也跟各位一樣面帶笑容，給我掌聲。我不認為這對佛有所不敬。我看到各位的笑容，便覺達成使命，同時我想佛也應該滿足了。各位有沒有想過佛為什麼來到這個世間？人生在世有太多的痛苦，不會都只是順境而無逆境，甚至可以說順利的時候少之又少，絕大部分人都在逆境中掙扎。覺得美好的日子一生中有幾天？為什麼要生在這樣的世間？乾脆死了算了，各位不覺得我們都活在這樣的循環反覆中嗎？佛為什麼來？只因為祂要極盡所能拯救深陷漩渦中的人間疾苦，即使一點點都好。祂要拯救老去的孤寂；拯救疾病的痛苦以及對死亡的不安。我相信各位到這兒來，一定有各位的目的。是為了從人間的痛苦、煩惱中超脫，才到這六角會館的阿彌陀佛前來尋求解救。

因此，只要能聽到各位真正忘卻煩惱與痛苦的開懷笑聲，即使只有一個半小時，相信佛都會滿意，這就是佛心。不為貪圖眾人稱頌阿彌陀佛，只是為了度眾生，所以三千年前佛便在此，我相信這是佛的本意。各位雙手合十，不斷地企求佛祖完成自己的願望，拯救自己，但是我認為這種行為大錯特錯。我們是不是應該暫且擱下自己的祈求，也聽聽佛祖對我們的願望？

佛希望各位不管怎麼痛苦都能不忘微笑，不忘感動，不忘感謝，而知生命的喜悅。因此各位千萬不要只是單方面不斷地向佛祖許願，也要聽聽佛祖對我們的要求。

我們可以在佛前大聲歌唱，大聲歡笑，因為這不正就是順從佛願的最佳表現嗎？然後回家之後，試著對媳婦道歉，收回之前自己說過死都不願受她照顧的話，從今而後接受媳婦，相信媳婦面對從不曾說過謝謝二字的婆婆，如今卻變了個人似的認同自己，一定會大吃一驚的。也許還可以從媳婦的表情中看到婆婆是不是人之將死其言也善的疑惑與訝異……（笑）。

所謂「人之將死其言也善」是什麼意思？說穿了就是跟佛接近了的意思。各位一定是為了更接近佛祖，所以才到這六角會館來的吧？這麼一來，如果各位沒有抱持跟佛一樣的心境就是騙人的了。接近佛祖不在於距離，而在心靈是否接近佛祖。而心靈接近佛祖，便是跟佛祖一樣成為一個好老人。我想讓大家都跟佛祖一樣成為一個好人，便是佛祖來到世間最大的目的。

所以我們可以在佛前忘憂開懷大笑。忘憂所在非酒亦非任何外力，只在佛前：此處六角會館。

在此重中一次，要在榻榻米上往生的第一要件便是不要讓自己病到非住院不可。即使身體諸多病痛，都不能忘記每天仍需注重心靈養生，這一點，請各位務必切記。

避免煩躁、生氣，因為這對身體有絕對的害處。

前面我提過一個老太太睡不著的故事，那是一種心病。明明睡了，卻覺得自己沒睡著，這種人一定得要到能夠感覺躺著就是幸福的時候才能獲救。唯有改變想法，才能根治心病。心病只是一種氣，所以各位心中假如存有對媳婦的怨恨、愁苦，或是不足以為外人道的怒氣，就到供奉著阿彌陀佛的六角會館來，把所有的悲憤愁苦都丟在這裡。我相信佛祖會為你處理這些情緒。相對的，各位也要謹守佛祖希望我們不論多麼痛苦多麼悲傷都要保持微笑，讓自己擁有自在心靈的願望。讓自己坦率真誠是非常重要的。

## 自在呼吸的幸福

能活著就算是好事，能躺著也算是件好事。各位現在正忘記自己在呼吸這件事而全神貫注的聽我演講，據說沒有人會意識自己在呼吸而呼吸，但是氣喘的人就不是這樣了。氣喘的人因為呼吸困難，所以總是竭盡所能的意識著自己的呼吸來吸進空氣。相對於氣喘的患者，不自覺自己在呼吸而呼吸的各位，真可以說是幸福的。

請及早體會這份幸福，讓自己因可以不自覺呼吸而呼吸而心存感謝，我想總有一天各位會體會這樣的心情。比如說當各位讓麻薯哽到喉嚨的時候，一定會發現能夠自然呼吸竟如此值得感謝。不過氣絕前就算是心存感謝，有時候也都已經來不及了⋯⋯。

另外會覺得能夠自在呼吸值得感謝的時候，在於接近死亡的臨死前，想要吸進房間全部的空氣，卻覺得吸進的空氣多，而吐出的空氣少。接近死亡時每個人都一樣。

身為醫生，我經常陪伴在人們的生死之間。行醫四十年，我親眼目睹許多人嚥下最後一口氣。不管是誰，大家都在吸進最後一口氣之後告別生命。為什麼會這樣呢？因為人類身體並不為死亡服務，而是作成多活一分一秒都好的設計。生命就是這樣。人的身體都以不死為前提而存活，因此即使在死前一刻，除了心臟會努力跳動，肝臟也會做最後的運作之外，還會因為需要空氣而喘著氣呼吸。

最後，人會吸進最後一口氣而停止呼吸，這時候，絕對不會再吐氣。如果吐了一口氣才死，我就傷腦筋了。因為如果病患在我把脈的時候吐了最後一口氣才走，我就不能對死者家屬說病患「嚥下」最後一口氣了（笑）。所以還是讓我說「嚥下最後一口氣」吧！畢竟「吐出最後一口氣」聽起來好像倒垃圾。人體結構是延續生命的設計，這應該就是接受生命的設計吧！既然為生存而努力活了過來，就應該好好努力活到最後，然後，等到筋疲力盡的時候，便是怎麼都無法再繼續活下去的一天，這一天終究會到來。

我要再三提醒各位，去發現存在於自我之中可以自在呼吸的極樂世界。極樂不在死後，而在眼前。自己正活在可以自由呼吸的時空之中，這個極樂世界等待各位盡早發覺。也許有人認為呼吸是天經地義，而忘記無法呼吸的痛苦，視呼吸這麼美好的事情為理所當然。活著便是極樂，去發覺自在呼吸的快樂，千萬不要一心想死，只求佛早日來接自己前往極樂世界。畢竟，人總得活到生命結束的那一天……。

請用心感受活著的喜悅。聽完這場演講，走到洗手間如廁，排出該排的東西，也請你漾一臉笑意。因為能夠毫無痛苦地排泄是無上的幸福。千萬不要以為排泄是理所當然的，如果能夠乾乾淨淨地徹底排出排泄物，應該心存喜悅。我想罹患膀胱炎的病患一定能夠感同身受我的這個說法。膀胱炎的患者如廁的時候並不能順利排尿，不僅尿液只能一點一滴的排出，還會伴隨疼痛。最糟糕的是，排不乾淨的尿會讓膀胱炎患者不斷地跑廁所。較之膀胱炎患者痛苦的經驗，可以直洩無礙的一般人應該心存感謝。認為正常排泄是理所當然的想法其實不對。

無法以當然心面對當然便是地獄。為什麼從剛才就不斷地闡述這個道理？主要是因為大多數的人只要遭逢生老病死，便受制於痛苦之中，而忘記健康時的喜悅。這總讓我漸漸意識到人的不足與淺薄。

各位，為了讓自己能在榻榻米上往生，請千萬愛惜自己的身體，珍惜唯一的生命。珍惜自己的生命就等於愛惜他人的性命，旁人也都自上天領受唯一的生命，唯有彼此認同對方的生命，才能夠產生「互道珍重」的情誼。這便是巧妙連結人際關係的祕訣，我希望婆媳也都能有這份彼此珍惜的心情。這樣一來，人與人的關係便能夠更深入，從而形成在榻榻米上往生的條件。

## 三、被愛的條件

## 心存感謝的人生

接下來，在榻榻米上往生的第二個條件，便是至少成為一個能夠被愛的人。如果您會對兒子夫婦或是媳婦惡言相向，說什麼都不肯接受照顧，這樣就絕對不可能在榻榻米上往生。即使自己很想在家裡度過餘生，卻逞強對家裡的兒子夫婦或是孫子說不願讓對方照顧之類的態度，在我看來是傲慢的。不管多麼生氣，都不應該如此口出惡言。因為只要是人，都必須在他人的照料之下才能死去，更何況自己死後不能善後，還得仰賴他人才行。我伴隨許多人走過生死關頭，卻從來沒見過哪個人在死後還能自己起來換衣服的。大家都知道，這些事，還是得煩勞他人幫忙。不嫌骯髒地用熱水擦拭斷了氣的屍體，更換新的睡衣，然後將死者的手安詳的置於胸前，這些都必須靠活著的人來做。

人死之後開著嘴的樣子，看在活著的人眼裡，實在是不忍卒睹。這時候，我們當醫生的，便會在死者的下巴夾住五、六條毛巾，然後用日本手巾綁大概兩小時，幫死者提起下巴。做完這些工作，死者才能見人。

死後，為了不讓體內的髒東西流出，還必須在鼻孔、耳朵、肛門等所有的孔上塞棉花，這是每一個死者都不可省的程序。當班的護士會用熱水擦拭死者的身體，如果死者是女性，會為其妝點口紅或腮紅，如果是男性，則會為其刮鬍鬚，整理面容。這些死後的處置都將在病患死後，在病房由他人來做。

所有生物之中，唯有人類不會將死者棄置不顧。連跟人類最接近的猴子，在大猴子還活著的時候，小猴子會跟前跟後地追著母猴跑，可是一旦母猴忽然因意外或疾病死亡的時候，試想小猴子會怎麼辦？小猴子會走過去用手指戳戳母猴，看到母猴動也不動，小猴子便會不當一回事地跑到別的地方覓食。對於小猴子而言，母猴之死跟岩石枯木一樣，根本沒什麼分別。

人類的腦非常發達，發達到可以感知父母、祖父母甚至從未見過面的祖先的恩德，所以人類不會認為自己可以獨力長大成人。因具備認知自己不是只靠自己就能長大成人，以及理解眼睛所不能見的事物的能力，所以便發展出「追悼」的行為模式。將死去的父母安置在短腳的臺階上用草覆蓋，這就是葬禮「葬」字的起源。據一位師父告訴我，所有生物之中，只有人類有追悼儀式。

因此，如果人不知追悼祖先，就真失去其為人的本質，而淪為動物。換言之，當人無法體會祖先、雙親以及其他所有人對自己的恩德時，這個人便非人，而是動物了。人跟動物最大的不同不在於人用兩隻腳，動物用四隻腳走路，而在於是否能夠理解肉眼所不得見的底層部分。感謝的心便是取決點。能夠對他人說「託您的福」，正是感謝他人在暗處默默守護自己，使自己得以走到今日，所以用「託您的福」來表達心中的謝意。千萬不要成為當人家對您說「您看起來總是神采奕奕」的時候，沒好氣回答人家「你看不慣我活得好啊」的老人。

京都有一座寺院叫做知恩院，相信這個名字裡隱含著廣結善緣、結交更多知恩的人之意。在「託您的福」這句話中，我們體會到彼此在肉眼所不見的暗地中互相扶持。也許這正是恩需知、不為人知的善意需珍惜的真諦吧！

## 不只老人會痴呆

我在接觸痴呆這個問題之後，發現大家都認為痴呆是老化的症狀之一，所以將痴呆稱為老年痴呆，這真是太失禮了。並不是只有老人家才會出現痴呆的症狀。忘記感動，忘記感謝，渾然不覺冥冥之中他人對我們的幫助，不也算是痴呆的前兆嗎？無法感受自己在生活中受到眾人照顧，便是開始痴呆的時候。所以並不只有老年人才會罹患痴呆的毛病，不問年齡，人們都有痴呆的傾向。青少年會痴呆，小孩子也會痴呆。國中三年級的男學生用金屬棒毆打自己的父母致死，甚至連老婆婆都不放過的行為，很明顯地就是少年痴呆。我想，錯不應全在這個少年身上，讓這個少年產生痴呆行為的整個社會，以及教育、親子環境都是問題所在。祖母對孫子的溺愛也會導致少年以自我為中心，漸漸的喪失認識真正自我的能力而犯下錯誤。我深覺社會必須為這個少年的痴呆行為負很大的責任。

在這樣的前提之下，不讓人們產生痴呆行為便是僧侶的工作。六角會館之所以連續舉辦此類演講，主要目的就在於遏止各位發生社會性痴呆的偏差行為。引導各位成為一個好人，也是僧侶的職責所在，而我們醫師也必須加入這個工作行列。如果醫師只為病人治病就無暇兼顧醫治人心，則這個醫師將喪失其所以為醫師的資格。醫師不僅必須治療身體的故障，同時還必須努力幫助寺廟的師父們塑造好人、好病患，才能算是個好醫師。

診察的過程中，病人會越來越接近佛，轉變為活佛一般的好人。連原本死也不肯接受媳婦照顧的老太太，都會轉變為因受到媳婦的照顧，而誠心地對媳婦說聲謝謝的活菩薩。我想引導人們從善如流往好的方向改變是我們的工作。我希望我的病人裡的老太太們，都能夠在撒手西歸的時候，握住媳婦的手，感謝媳婦的照顧，給媳婦一句「因為有你我才能活到現在」的勉勵。我多麼熱切想見到這樣的場面。

因此，我對老年人非常嚴厲，不管是一句「麻煩你了」，或是給媳婦的一句「謝謝」，我都會逼著老人家說出口。因為我希望在人生最後的剎那，能夠營造出最溫馨的離別畫面。我並不是要老太太對著佛雙手合十道謝，而是要她跟媳婦說聲謝謝。能夠對周遭的人稱謝，就是捨我的表現。要完全治好老年人的病痛是不可能的事，因為老人家全身都是病，就算是治好其中一種或兩種，也不能改變生病的事實。我認為醫療終點，最後應該落實在感謝的心情上。

十年前，我還用聽診器不斷貼著老年人的胸口，一心一意地想找出病痛的根源，但是最近我不再這麼作。現在的我，用聽診器找的是一顆好心。這並不是說心臟還很強壯，或是肝臟也運作正常，而是透過聽診器，我在探尋病人是不是有一副好心陽。人不可能永遠不死，痛苦的時候，回想前塵，如果自己是個讓人感念的老太太或老先生，是一個好人，那麼就有可能能夠在榻榻米上往生。

還有很多家庭在面對家裡的老太太必須住院時，堅持由家裡的兒子夫婦或孫子來照顧老太太直到最後一刻，而並不會一定要把老太太往醫院裡送。讓好脾氣的兒子夫婦和孫子圍繞身旁，對老人家來說真是無上的幸福。雖然這樣一來醫院裡吊的點滴數會減少，使用氧氣罩的次數也變得有限，從而可能導致醫院經營的危機，但無所謂。我只希望能看到更多老先生、老太太是在親人搖著肩膀，呼喊著「不要死」的依依不捨之下，平和地走完人生最後的旅程。

## 美好的生命姿態

在榻榻米上往生的第三個條件是：讓自己成為受尊敬的老者。我希望所有老年人都能夠含飴弄孫生活在兒子媳婦與孫子的圍繞之中。唯有前述的三個條件都吻合了，才能達到在榻榻米上往生的心願。我說了三個條件，這三個條件可都不容易做到，單單說一聲「謝謝」，就有人怎麼都說不出口。

我跟淡谷典子女士預定在下個月的敬老節，假京都絲路會堂演出一場晚餐秀。據說淡谷典子女士已經有八十三高齡了，但是至今卻依然屹立在舞臺上高歌不墜，真可謂「年過半百而不衰」。我希望大家都來看看她的生命姿態。

在電視上看到已經無法久立，站不多久便必須坐下的淡谷女士，會不忍的覺得她的身體日漸衰老，身體也逐漸在萎縮。但是淡谷女士卻是老而不痴呆的一個人。她展喉高歌，一心致力在演藝事業的生命姿態，我認為是最美好的。她樂觀積極，即使身體已經虛弱到無法久站，但是只要一上舞臺，她還是挺直脊背的敬業態度在令我佩服之餘，不禁覺得這才是人應該有的生命姿態。

跟淡谷女士同臺演出的時候，我希望共同參與這項表演活動的觀眾也跟著我們高歌。只要是人，都必須把生命之歌唱到最後，將感謝與感動融入生命之中去發揚生命。

最後我要再度重申，不是只有老人才會痴呆。當一個人開始自私的只想到自己，以為自己不曾靠別人就有今天的局面時，便會產生專屬於人的社會痴呆現象。這是我新近最深的感觸。謝謝大家。（一九八八年八月十三日）

# 正視「生命」

梯 實圓

# 一、臨終關懷活動

相信各位都知道，西本願寺從去年（一九八六年）秋天便結合醫療跟宗教，開始一項名為臨終關懷的活動。今年初原本預計募集三十名人員共襄盛舉，沒想到大家非常踴躍，前來報名的人竟多達二倍的七十人次。現在，以這七十人為主，我們正在進行臨終關懷活動的行前教育。

所謂臨終關懷，原文為梵文「Vihâra」，是印度話，一般翻譯為「精舍」或是「寺廟」。也許將寺廟與安寧照護結合，各位會覺得有一點牛頭不對馬嘴。但事實上，「Vihâra」這個字具有休息場所之意。換言之，所謂寺廟即具有身心休息之處的意涵。對人生產生倦怠，紛擾糾葛於諸多問題的人可以藉著到寺廟參拜，解除心靈的負擔、治療心靈傷痛。亦或是到寺廟傾吐肉體病痛，也得以獲得身心的休憩。印度就稱具有這種種設備的寺廟為「Vihâra」。

「Vihâra」深具歷史及醫療意義。有鑑於此，我們將被醫療體系放棄的癌症末期患者，或是老年痴呆症等陷入困境患者的關護行為，借用「Vihâra」這個字，轉而稱之為「臨終關懷」，借此希望能夠幫助照顧這些患病的人，為他們盡一點棉薄之力。身為愛惜生命的宗教家，我們之所以推展這樣的活動，主要是視這份工作為理所當然之職志。我們此刻也都深深感覺身肩此項重任。

似乎大家都對佛教產生只從事喪葬禮儀的誤解，認為有生之年，宗教擔負心理醫師的工作，死了之後就換僧侶上場為人超渡。諸如此類認為人的脈搏停止之後才是僧侶可以派上用場的觀念，著實讓我們很為難。雖然這種想法也賦予宗教非常重要的意義，而讓宗教達成其社會性機能，亦無不可，然而將為人超渡等喪葬儀節視為佛教的本質，真是現代佛教最大的不幸。

還是得回歸到跟生命相關，與種種人活在世間的煩惱、苦悶相結合，才能一窺佛教原來的面貌。這些人間疾苦，釋迦牟尼用生、老、病、死四苦，以及愛別離苦、怨憎會苦、求不得苦、五陰盛苦等所謂的四苦八苦統籌。面對我們所面臨的人生諸多煩惱，與其搏鬥，給予解答，從而賦予詳和的心靈才是佛教的原貌。這也是釋尊諄諄教誨的重點。因此我們佛教徒必須認真對待人間的煩惱、悲傷與痛苦。於是從這個角度出發我們發起臨終關懷活動。

照顧老人痴呆症患者可以說是勞心勞力，如果碰上患者是自己的父母親，有時候還會忍不住興起希望他們趕快死去的心情，實在是非常殘忍。因此雖有最先進的醫療技術，但是對於已無治癒希望的病患，還是必須為他們保有「生命」的尊嚴直到最後，維持對生命的敬畏，從而給予真正可以安詳走完人生全程的照顧。有鑑於此，一個人或兩個人的力量終嫌單薄，所以我們希望結集更多的人力從事這項活動。其間，專家學者不吝給予指導，為了早日能夠真正著手從事這項活動，我們已經努力學習了兩個年頭，目前正處於即將在各地開始展開實際行動的階段。不久的將來，安寧照護活動將陸續展開，我在此希望未來各位也能給予協助。

## 二、洞見「生命」之眼

今天我以「正視生命」為題進行這場演講，但是思考「生命」有不同的層次，也有不同的思考角度。每次當我討論生命課題時，就總會想起我的母親。家母在距今十八年前，以八十三高齡辭世。她的心臟一直處在不知什麼時候便會忽然停止跳動的狀態，因此，最後她闔上眼睛與世永別的時候，也只在一個剎那之間。在這之前一段漫長的歲月，她幾乎都臥病在床去度過每一個日夜。

我目前家居大阪，老家在姬路北邊鹽田溫泉再進去一公里左右的地方。我家與鹽田溫泉近在咫尺，小時候我便經常去汲取礦泉水恣意的飲用。近來附近多了些溫泉旅館，漸漸的也變得熱鬧。我的老家在鹽田溫泉還要裡面的深山，闢了縱貫線道路之後方便許多，我母親便住在那裏。

當時，我偶爾會去探望家母，在家裡住一晚，隔天再回大阪。我跟母親睡同一個房間。記得小時候，家母常陪我睡，現在年紀大了，則換我陪她睡。睡在她身邊，為她按摩手足，她便會很高興。有一天當我告訴家母「我要回去了，改天再來看你」的時候，她卻從寢室發出聲音說：「讓我再看看你的臉。」我靠過去問她怎麼了，她只是再說了一次：「讓我再看看你的臉」。

當時家母的眼睛有輕微的白內障，視力並不好，她就用那雙視力不明的眼睛不住地盯著我看。我問她怎麼回事，她告訴我：「我可能再也不能在這個世界上看到你了，所以要趁還看得到的時候，好好看看你。」那時我全身都好像觸了電一樣，第一次，我驀然感覺到有正視生命的眼睛。「我可能再也不能在這個世界上看到你了，所以要趁還看得到的時候我要好好看看你，讓我看吧。」說著，家母不住地凝視我的臉。到現在我都常想，當時家母眼中的我，到底是什麼樣子的？

通常我們都習以為常地認為有昨天就有今天，有今天就有明天。然後以在這裡說再見，改天就在別的地方再會的形態，不斷別離重逢，重逢再別離。但這樣的時候，我們到底看到了什麼？我想只有生命的吉光片羽。所謂的生命，應該是可能再也看不到愛子的臉，真的再也不能看到所愛之人的容顏的時候，拼卻命想要再看最後一次而出現在眼前的，才是真正的「生命」。只是單純的看著一般人，不能稱之為生命。看著身為生物的人類，我們只能瞥見生命的影子。畢竟，人終其一生，能跟生命交會的次數終究不多。有鑑於此，我想探討什麼是正視「生命」的眼睛？而「生命」到底為何？

這樣想的時候，我總會想起親鸞聖人的〈勢至和讚〉。這首〈勢至和讚〉，用文字寫明了佛關愛眾生的眼眸。

> 超日月光此身，教念佛三昧。
> 十方如來眾生，憐念如一子。
> 倘如子思母情，眾生憶佛恩。
> 現前當來不遠，無疑拜如來。

其中「憐念如一子」的「一子」，指的是「獨子」，代表「無從取代的重要存在」之意，具有相當深遠的意涵。在這首〈勢至和讚〉之前的〈諸經和讚〉（藉由各種經書稱頌阿彌陀佛功德的和讚）中引了一段《涅槃經》：

> 將得平等心時，名之以一子地。
> 一子地為佛性，安養至而可悟。

這裡出現「一子地」這個名詞。

其實親鸞聖人除此之外，在《教行證文類》的〈信文類〉中也引了《涅槃經》

提到：「如來為一切，常慈如父母。需知芸芸眾生，皆如來之子。」也就是說：「如來之於我們，有如父母一般的慈愛深情。」因此，後面才會接著提到「需知芸芸眾生，皆如來之子」。諸如此類的話不斷出現在《涅槃經》的現象值得重視，因為這些話正彰顯《涅槃經》「一切眾生為如來寶藏」以及「一切眾生悉有佛性」的基本性格。今天我不想在這裡多談教義方面的問題，但是親鸞聖人對《涅槃經》有著異常興趣這點，卻是不可忽視的重要訊息。

總之，在這些經文中提到的一個重點便是如來佛珍視眾生如獨子般寵愛，反過來說，即對於愛一切眾生無所私的佛，我們稱之為如來佛。

《諸經和讚》中提到「將得平等心時，名之以一子地」，今天我就以這句話為中心，進一步深入跟各位談談佛教的生命觀。

## 三、「怨親平等」與我執世界

所謂平等心，指的就是怨親平等的心境。怨親的怨是怨恨、憎惡，即怨憎會苦中的怨憎。相對於此，親指的是親愛的親，也就是愛。換句話說，怨親就是愛跟憎恨，說得直接一點就是喜歡跟討厭。現實生活中，我們都喜歡某人，同時也憎恨某人的過日子。也就是說二分法在我們的生活中涇渭分明地將愛憎喜惡分得清清楚楚。

人類的特徵在於認知前必須將所有東西都分門別類。所謂「明白了」代表的是分類完畢，但是問題就出在這個分類動作乃配合自我中心完成，因此不免出現許多難題。如果使用比二分法好一點的三分法，大概可以將所有的人分為好人、壞人跟怎樣都無所謂的人，或者是喜歡、討厭跟不喜歡也不討厭的人吧。就因為平常我們都採取這種分類法，才讓我們無法用心正視周遭的人事物。當我們將所有的人三分為喜歡、討厭跟不喜歡也不討厭的人的時候，分類標準都以自己的喜惡為準則，讓自己方便的人跟讓自己不方便的人，還有無所謂的第三種人都是以極端自我中心的標準去衡量，所以我們不得不說這種分類法完全由自我本位主導。

誰都希望讓自己方便的人隨侍在側，也就是說對自己有用處、有利用價值的人，大家都會喜歡。相對的讓自己不方便，干擾到自己的人，誰都希望他離自己遠遠的。說得極端一點，甚至希望這個人早點死掉算了，這就是憎恨。所以說憎恨某人的時候，基本上就已經心存殺機。不過這項意念警察無從干涉。我們提到人三分為讓自己方便跟讓自己不方便，還有無所謂的第三種人。這第三種人說穿了就是管他是生是死，不干我家的事。這種態度冷淡到完全不認同對方的存在，把對方當作影子一樣。也許為人所憎恨都還比被人漠視受認同。說起來絲毫不以為意的態度才是最惡劣的。

我們都是這樣在日常生活中將人分為喜歡、不喜歡還有無所謂喜惡的三種人，然後依自己的情緒反應出愛、憎、冷淡等態度。有鑑於此，我們都必須要認清我們並沒有很公平去看待身邊所有人事的現實。讓自己方便的東西裡面也都還會分為真正好用的東西，跟沒那麼好用，不過有總是比較好的兩種。待人也一樣。有一種人在不在身邊都無所謂，不過在比較好一點。另外相對於不在身邊便無法成事的重要人物，在我們的生活中，或多或少會有一個叫人厭惡到極點，簡直就想叫他去死的人。基本上人活了五、六十年，任誰都會有一兩個怎麼樣都不能原諒的仇人。平常可能也不會忘記，可是只要念頭所及，心中就會燃起熊熊憎恨的烈焰。通常這種人會將這種情緒隱藏起來，所以說人心就像一間密室，通常幾乎不開，但只要一開啟便不得了。然而真正的問題卻是，到底存在心底的是自我憎恨的那個人，或是憎恨別人的自我？因為我們憎恨與喜愛的情緒，都是隨自己的喜惡去勾勒出來的。

《華嚴經》提到：「三界虛妄，為一心作也。」的確，我們的喜惡所勾畫出來的愛憎虛妄，在我們的心中捲起一陣漩渦。中間地帶以自我為中心的想法稱為愚痴，而受制於自我本位思想在佛教裡就稱之為我執。就因為心中盤踞著我執思想，所以才會衍生出愛憎違順的世界。

親鸞聖人在〈正像末和讚〉提到：「愛憎違順，同高峰山岳。」「違」指的是不合自我心意的逆境；「順」則是如我意的順境，愛欲發生在這順逆之間。我們都是這樣陷在自己所描繪的意念世界中無法跳脫，而迷失在自我意念之中無從跳脫的困境，便被比喻為如攀越陡峭高峰。

面對人類的可悲，佛總是想盡辦法像要去戳破自我中心的意念，告知世人「生命」的真實從而不斷闡揚教義，便是佛教。受到佛的教義引導，得知「生命」原貌的心靈，就是後面所提到的「大悲之智慧」。唯有透過「大悲的智慧」破除自我中心的執迷，才能夠深入「生命」的領域，進入「悟」的世界。不同於我們的心靈沾滿愛憎塵垢，這是雖處於好惡意念之中，卻仍能洞悉生命真貌的清明境界。此觀照生命真貌的大悲智慧，便是平等心，亦即是怨親平等之心。

## 四、世界不因一己而存在

開闢怨親平等之境地後，接下來所能見到的便是一子地的世界。這便是所謂「得平等心，名之一子地」。前面我曾提到，一子地意為獨子，取其重要性無所替代之意。獨子是繼承自己生命的唯一命脈，所以為人父母者當視其為獨一無二至寶，愛之有過於己而無不足。能夠愛世間萬物如唯一獨子，則可進入一子地境界，此為「悟」。我們都必須破除自我的好惡，徹悟世界並不因我們而存在。很久以前有一首流行歌，歌詞寫著：「世界因我倆而存在」。雖然詞裡面寫著世界是為兩個人而存在，但事實上，戀愛的時候，還是認為對方是為自己而存在，也就是說，追根究底，世界還是因「我」而有。

這麼說好像不通情理，但是唯有破除世界因我而存在的想法，徹悟天地並不因我而轉動，才能打開心眼，洞見真正的世界。不管是給我方便的人，或是對我造成妨礙的人，這些喜惡，都是以「我」為中心出現在眼前的幻象，真正的「生命」並不以這麼自私的形式存在，唯有視所有萬物為世間無所替代的唯一存在而珍視之，才能夠洞見生命真貌，達到一子地的境界。一子地為佛之本性，或許也就是因此才說「一子地為佛性」，以說明佛臻一子地之境界吧！

我們無法在世間實現這個境界，因此才說「至安養而可悟」。這首和讚的主旨在於闡明轉生淨土，才得接近一子地境界。經文上所謂的一子地境界，並非站在主觀的「我」的立場上思考外在事物是否皆為無可替代的存在，而是站在個體的立場，肯定每一個人都是唯一，同時對於宇宙法界而言，都具有其獨自性，而有其無可替代之重要性。生命的重要之處，不就在於這分無可替代的唯一嗎？我認為此無可替代性、獨自性，及後面提到的宇宙意義，和絕不可能由主體轉為客體的部分，都是生命的特徵。既然絕不可能成為客體，無法分開理解，那麼就只有用「當下」的直觀方法，直接去掌握生命。

前面我提到生命無從替代。相對的，若可以替代，則為道具。道具可以一換再換，比如說我們在日常生活中使用各式各樣的道具，電視機就是一種。我雖沒有多大年紀，可是像我們這樣走過戰爭的人，都非常珍惜物資，也或許是小氣使然吧……。我家有一架古老的彩色電視機，螢幕映像不好，但是卻因為捨不得丟而留了下來。不過前一陣子實在沒法再用，所以我便請家電商來，問他還能不能修。他對我說：「修是可以修啦！只不過要花那些錢去修，倒不如買臺新的來得划算。現在已經沒人看這種電視了啦！」既然他都這麼說了，我就只好忍住淚水，依依不捨地把這臺電視丟掉。沒有用處的東西堆在房間裡占空間，其實就是干擾生活，所以才會被當作垃圾丟掉。依此類推，如果買回功能好的新電視機，也就是有利於我的電視機，那麼之前本來用得著的電視機自然就會淪為「垃圾」，無情地為人所棄。

這就是道具的命運。因為道具的主要功用是豐富生活。因此，有用的時候人們當會百般愛惜，但是等到沒有利用價值了，便會棄之如蔽屣。對生活用品如此，如果對人也是用這種態度，則我不認為這樣的態度可以洞見生命本質。因為這種態度充其量不過把人當作是一種工具，而毫不尊重。相對於「生命」，如果要使用物體這個詞，則對人亦需與物體等同視之，也就是將人也看作是一種「東西」。

比如說這裡插著一盆美麗的花，這花的確很美麗。可是看到「花」的人很多，卻很少有人洞見花的「生命」。比如說大家都覺得這盆花很美，不僅如此，還計算「最近花價挺貴的，百合一支不知道要多少錢？」如果從這個觀點看花，那就不是欣賞花，而是欣賞花的價錢。也許有人會說：「百合也不錯，不過我更喜歡菊花。」如果是從這個角度切入，那麼這個人欣賞的是自己的喜好，而不是花本身。欣賞自己的喜好跟欣賞花是截然不同的兩回事。一朵一朵的花都在這裡盛開其獨一無二的美麗，在每一朵花之中，凝結著天地的生命，蘊含了天地的精魄。所以說，如果沒辦法看到這一點，就不能說觀照到了花的生命。

據說地球有生命產生以來，已經歷經三十億年以上。這三十多億年的生命歷史，凝聚為一支綻放的花朵，而且這朵花的開合，跟天地萬物息息相關。所以我才說，無限的空間和時間，也就是宇宙全體，都凝聚在這朵花裡。有鑑於此，如果不能觀照出這朵花所具有的深度與重量，就不能稱之為洞見到花的「生命」。

必須體會花朵瞬間開落間「生命」所具有的無限性，從而洞見一朵花身為「生命」主體亦有其無可取代的存在尊嚴。花謝枯萎之後便遭丟棄，畢竟謝掉的花一直擺著也不是，所以人們都會插上新的鮮花，讓自己神清氣爽。這沒有錯，但我總覺得欠缺了點什麼。

## 五、尊嚴的「生命」與「大悲智慧」

方才我提到花，但事實上，我的主題不是花，而是人。當一個人還健康地活躍在工作崗位時，理所當然會受到重視，但只要一病不起，而且罹患的又是老年痴呆症，您想會有什麼下場？我想會有兩種截然不同的態度，一是真正關照「生命」，一是只把人當作道具。

如果只重視一個人的可用之才，一旦失去用處就一腳踢開，這樣的態度，不過是將人看作是一個東西，而並沒有把人當作「生命」看待。因此，必須跳脫這樣的想法，體會「生命」的美好、活著的尊嚴以及開創感謝的心靈世界。

前面我提到過，悟一子地的境界便是平等心，我將這個怨親平等的心境，借用金子大榮先生常掛在嘴邊的一句話，稱為「大悲智慧」。換句話說就是，除非一雙眼睛可以洞見無可替代的可貴性，否則便不能體會生命的真諦。而這雙洞見清明的眼睛，便是我所謂大悲智慧的眼睛。

佛的徹悟，即此大悲智慧。唯有開啟大悲智慧的心門，佛才得以成佛。此時呈現佛前的世界，方為真實的世界，個人才得以成為無可替代的唯一存在，同時散發無限與尊嚴的萬丈光芒。正如《阿彌陀經》裡提到「青色青光；黃色黃光；赤色赤光；白色白光」一般，所有的人，都擁有其獨特的性格，散發其絕對的尊嚴。這也就是《華嚴經》所言「一即一切，一切即一」，事事無礙的緣起世界。換言之，以理論說明大悲智慧的世界，在佛教稱之為緣起。今天沒有太多時間說明，不過緣起就是因緣而起，所有的事物都起源於各事物之間無限的相關性，沒有什麼事物可以獨自存在而不依附其他實體。亦即世間所有皆相輔相成，而世間所有事物都息息相關，正代表每個事物本身的宇宙意義。每一個人看起來都好像是微不足道的存在，但是每個人的內在都是一個小宇宙，都具有其宇宙意義，而「緣起」，正是鉅細靡遺去證明這些意義的理論。

洞見這些存在的真實姿態是智慧，在這個智慧底層有一個不分眾生跟自我，將所有的事物都融合為一的一如世界。這是直觀所有生物跟一己共為「生命共同體」的境界。唯有到達這個境界，才能夠悲人之悲，痛人所痛，從而生出以天下幸福為己願的心懷。這就叫做「慈悲」。慈悲的「慈」在印度語中表示祈願對方幸福，不求任何回報的純粹心。而「悲」則是對他人的痛苦與悲傷感同身受。所以，出自於視他人為自己所不能分割的一部分，與他人同為生命共同體，共有一個生命的想法，就是所謂的慈悲心。

唯有真心祈求他人的幸福，體會他人的痛苦，有一副大慈大悲的心腸，才得以洞見生命真貌，從萬物一體或有限的「生命」中，體會無限的「生命」。因為慈悲，所以心領神會事物的真貌，並得以由此產生大悲的智慧。所以我認為，唯有大悲的智慧，才能洞見真實的「生命」。

## 六、生命現象與「生命」

的確，我們都是生物。有一說認為，人類是「直立走路的猴子」。其實，人類原本就是猴子的一種，這麼說可能有人會覺得失望，但換個角度來想，也許猴子還不樂意跟人類這麼恐怖的動物相提並論呢！總而言之，人也是一種生物，只不過看得見人這種生物，卻未必見得有能力看清無所替代的「生命」。我認為生物學領域以客體去分析的生命現象雖然也可稱之為生命，卻不是我所談的「生命」。為了區隔兩者之不同，所以我用括號來區分。所謂「生命」，正如我前面提到的，雖然是生物特有的現象，但是只要一個不小心，就很可能被當成道具，淪為物體，終至被當成垃圾處理。如果人被當作是大型垃圾處理，這可就非同小可了。喪葬儀式不是垃圾場把人當垃圾處理掉就了事的儀式，而是堅持到最後一刻都保有死者尊嚴，同時具有告知世人不能將死者當作垃圾處理的功能。

從這方面去觀照「生命」，便能幫助我們從以利害關係判斷及行動的行為模式中跳脫出來。

以前，我曾見過首相中曾根先生。其實也不是什麼大不了的事，我們只不過是在東京車站偶然遇到罷了……。當時我到築地本願寺，回程到東京車站，卻被站員攔下來要我等一下。跟我同時大概有十個人左右都被擋著，我們問站員到底怎麼回事，他也只是要我們等，還直說一下子就好了。沒多久見到中曾根先生和兩位閣員走過來，周圍還站了許多一看就知道是安全警衛之類的人。我看著貼身警衛亦步亦趨的跟在中曾根先生身邊，忽然覺得這真是一份好辛苦的工作。而且不只中曾根先生，連保全人員的腳步都移步匆匆。在那樣的人群裡是最容易被暗算的，所以還是走快一點比較安全。想想，首相還真不是人當的，畢竟他連像我們輕輕鬆鬆走在路上，不必擔心被人暗算的自由都沒有。

話說回來，當時看到安全警衛貼著首相走，我忽然想，這些安全警衛保護的到底是首相，還是中曾根先生？不用說，當然是首相。因為內閣首相是日本獨一無二的重要人物。身為行政長官最重要的人物，當然得多派一些安全警衛保護才是。這時候，安全警衛所保護的與其說是「生命」，不如說是社會秩序來得貼切。

然而，雖說重要，但首相並不是不可替代的人物，甚至可以說，首相怎麼換都無所謂。就現實而言，我們不正因有太多的首相而傷透腦筋嗎？想當首相的人滿街都是，所以說，首相並不是無可替換的。不過相對的，中曾根先生可就是無可替換的「生命」。

這是當然的。我們都不可能要他人替我們「生」，也不可能要他人替我們「死」，自我的「生」跟「死」都只能由自我去死生，所以是實實在在地無可替換。可是談到無可替代的生命，貼身警衛的生命也是無可替代的。就社會角色分配而言，的確有保護與被保護之分，但是就個人的生命意義、價值而言，卻無保護和被保護的差別，每個人都同等具有無上的價值。

沒有人是為了保護另一個人而降臨這個世間。貼身警衛雖身負保全的社會責任，但就個人的「生命」而言，卻沒有任何人可以取而代之。所以我認為，算計他人性命，或者是互相殘殺，無論如何都必須避免。而進一步更重要的是，我們都必須從人類所制定的秩序體系，以及社會所賦予之地位、名譽等角色包裝中跳脫，探本溯源地從根本的角度體會「生命」無所替代的重要性。

## 七、人皆佛子

所謂習佛是透過佛的教誨，知佛所見的世界。佛以關愛的眼眸看著我們，告訴我們人存在世間皆有所用，舉凡為人，就都是承繼佛所賦予的生命，體現如來大德的佛子。就算是來到世間只啼哭一聲便夭折的嬰兒，雖未盡到任何社會責任，但就那一聲啼哭，都已經飽含無限生命尊嚴。我們生而為人，必須培養洞見生命之眼。我認為面對一個罹患老年痴呆症，不僅無法清楚意識到自我，還會給他人帶來麻煩的人，如果能夠保有一分活著便是美好的心境，培養洞見生命的眼睛，則此人堪稱領受了佛的教誨，並朝受教的目標邁進。

在先前的和讚中提到「一子地為佛性，至安養而可悟」，這裡所言至安養的淨土可得徹悟，便正是指引生命目標的方向。然而遺憾的是，有生之年我們都活在以自我為中心的思考模式中，沈溺於愛憎的迷津之中。就因為我們都淺薄若此，所以便更需要時時警惕自己。

至死我們都將與愛憎糾纏，因此只要還活在這個世界上，就很難達到一子地的境界。唯有到淨土，才有可能實現。雖說如此，卻並非可因此而不做任何努力。只要是以實現一子地境界為目標的人，就必須不時耳提面命提醒自己謹記佛的教誨，突破以自我利益為中心衡量事物的慣性，心懷歉意，從而警覺不該憎恨或詛咒他人。

這也是最終目標為怨親平等之淨土的禮佛者終其一生的課題。

要做到這一點，必須先從躬親自省做起。痛苦的時候，會不會放棄自己？有人面對人生的老病，會絕望地認為「像我這樣又老又病的人，已經沒有什麼用了，如果能早一點來接我去西方樂土不知該多好……。」真是淒涼的說法。雖然多數人都只是嘴巴說說，而非出自真心，不過就算是嘴巴說說，還是最好避免有這種想法。認為沒有絲毫用處的人活在這個世界上便沒有價值的想法就不對。然而相對地把所有的事物都當作道具，完全憑利害關係去判斷價值的人，其自我本身的存在意義也會因此逐漸局限於有用無用的狹隘之中。原本「生命」就非吾人所能掌握，因此千萬不要用自己的有限性去界定生命。

另外，假如有人對我們說：「你去死吧！」也不需要大驚小怪。當人家對我們說「你去死吧」的時候，大可以擡頭挺胸，無所畏懼的回答他：「我活著是如來佛認可的，要你管。」我認為這種態度可取，因為這是洞見「生命」之後，生命形態的最佳寫照。

我認為透過念佛，最重要的是領會如來佛告示人皆佛子，皆為實現佛命最重要佛子的聲音。但是當我們聽到這個聲音之後，很遺憾的是，我們看見的自己是現實中沒有實踐佛子生活形態的淺薄形貌，即吾人皆為煩惱具足之凡夫俗子。看見自己如此不堪的形貌之後，如果覺得慚愧，對不起如來佛祖，便能化羞愧為力量地改變自己，讓自己與他人不愧為佛子，而共同喚起「生命」的尊嚴，彼此互相珍重對方。在佛祖的教誨中確認自我與他人深度的「生命」存在意義，向著安養淨土，以實現一子地境界為目標活下去。我想這才是禮佛者應該有的生活態度。

## 八、洞見生死——從臨終關懷的立場出發

大家常說現代是越來越難看見死亡的時代。隨著小家庭的增加，跟老人同居的家庭逐漸減少的同時，一生病馬上住進醫院，在住進醫院迎接死亡日益增多的情況下，老、病、死已經漸漸跟我們的生活隔離，這應該是越來越難看見死亡的原因之一。

另外在疾病方面，由黑死病或霍亂病毒所引起的多數急性傳染病，因疫苗之開

發及使用化學藥品、抗生素極具療效，同時隨著外科手術的發達進步，歷來的不治之症也大多得以治癒。因此，人們逐漸對醫學產生近似信仰的過度信任，甚至還衍生出人死乃出自於醫生能力不足的心態。但是即使醫學如此發達，還是有幾種病是現代醫學所束手無策，面對這樣的情況，病人家屬常會心有不甘而扼腕。

隨著高齡化的進展，臥病在床的老人、老人痴呆症的患者人數逐漸增多，在醫療體系鞭長莫及的情況下，不管是病人本身或是家屬，都日復一日重複著痛苦的煎熬。不僅如此，世間還視衰老病死為洪水猛獸，極盡能事歌頌生命與健康，搧風點火之餘，無疑使得原本就難為人所認同的「接受死亡」觀念雪上加霜，益加無從解開悲歎老病的心結。

雖然即使小孩子都知道舉凡是人就都會老，人體是百病之器，有一天一定得面對死亡的事實，但現實中可以接受死亡的人，卻是少之又少。尤其遭受挫折越少的菁英份子，更是無法接受這個既定的事實。釋尊將人的生老病死四種苦，更進一步細分為愛別離苦、怨憎會苦、求不得苦、五陰盛苦，說明這些都是人所必經的苦痛。人生不會一直一帆風順的只是受到肯定，必須克服的問題就橫阻在眼前。因此，面對迎面來襲的苦難，不能閃躲，必須迎向前去成就超凡入聖的主體。

臨終關懷活動遵循佛的教誨，不僅不躲避生老病死的現實，還更進一步的幫助疾病患者、瀕死病患，以及其家人面對現實，給予其自苦難中重新站起來的援助。為了讓病人在疾病的煎熬中依舊能夠充實其生命，即使面對死亡亦能看見生命之光，我們與醫生、護士、社工、義工等合作，以順應宗教需求為主要任務，發起臨終關懷的活動。

從事這項活動的第一要件，便是工作人員本身對自己的生與死，必須有其宗教信念。

修伯拉羅絲女士在其著作《死亡的瞬間——與瀕死之人的對話》一書中提到：

> 末期患者通常有其特別的要求，只要我們能夠坐下來傾聽，並發現他們的需要，則病人的要求將獲得滿足。……（中略）……
>
> 協助瀕死患者時，必須具備某種程度之成熟度，而此成熟度只能得之於經驗。要能安詳坐在末期患者的身邊而無不安的情緒，首先必須詳細檢討自己對死亡的態度。

> 遇到毫無恐懼及不安且能溝通的人，患者才會願意打開心門。醫師或是牧師，甚或是不管具有什麼樣的資格，只要是能夠擔當此一使命的精神治療師，即使在談到癌症或是死亡時，只要能用言語及行動表明絕不逃避的態度，病患便有可能打開心門。

這是對末期看護中心治療師的一段呼籲，但不一定是末期看護中心的治療師，只要是必須面對疾病等危機狀況的醫療人員，應該都得具備這些基本要求。

即將面臨的死亡因屬完全未知的經驗，因此預知疾病跟死亡可能伴隨的痛苦，將使人不由自主地陷入恐懼與不安的深淵。大毘婆沙論便提到：「所謂凡夫，不去畏怖心者」。而最讓人覺得恐怖的，便是死亡漸漸迫近的恐慌，與無從得知死後狀況的畏懼。也許就因為人類畏懼死亡，所以才得以發展出種種不同的文化吧！就這層意義而言，恐懼死亡，其實除了是生物極為自然的反應之外，同時還具有其意義。只不過過度的恐懼可能導致人格分裂，因此有控制恐懼之必要。控制恐懼需透過與病患的對話，因此醫療人員本身在此之前便需先行消除自己對死亡的恐懼，這也是修伯拉羅絲女士所要強調的。

告別所愛之人令人心痛，所以，想哭就哭，想叫就叫吧！只是，死亡絕不是不幸，因為人所無從想像的死亡彼岸，佛的光芒照耀。死亡是永恆「生命」的實現。只要堅信總有相見的一天，透過心靈溝通，靜靜的坐在病人身邊緊握住病人的手，病人便能感到沈靜的安詳。

為此，從事臨終關懷活動的人，必須是看開一己死生的信徒。如來對十方世界的生者說：「至心信樂，欲生我國，乃至十念」——只要是真心想要在佛的國度重生，就算是只有十次也好，就貫徹念佛的人生吧。這是佛對我們的希望。從而佛立誓曰：「若不生，不取正覺」，也就是說，如果不能轉生淨土，則佛不為阿彌陀佛。

只要領悟此大悲願，不管是自我或是他人，便都能跟如來佛一樣悟知一子地境界的慈悲心，從而相信自己注定屬於無限的光明及「生命」的世界。這便是法然聖人所謂「生功念佛，死參淨土。唯此身無念煩憂，則生死共無煩憂」。人生有如習佛的道場，因此，活過這樣的人生自有其尊貴意義，死是實現轉生淨土的途徑，絕非空虛，所以佛藉此告示我們，除了現實世界，還有一個不管生死都心存感激的世界。面對老、死、病的現場，人要徹悟佛祖的這段話，一點一滴地克服自我對死亡的恐懼感。

臨終關懷雖然是佛的信徒基於信念所發起的活動，廣義而言雖屬於宗教，但是並不會為了直接傳達淨土真宗的信心給病患，便行傳教之實。

強行灌輸病人自己的想法，或是強制推銷信仰都是禁忌。這項活動徹底尊重病患的人格，同時從頭至尾支援病患保有其個人獨特的生存方式，與死亡方式。活了幾十年，不管是誰都累積了除了當事人以外無從體會的人生精華而一路走來，因此必須用心看護背負這麼貴重經驗的生命重量。除此之外，僅僅透過短時間的相聚及交談，便認定已經瞭解對方個性已屬傲慢，就更不要說想要改變對方想法及個性的態度了。我想臨終關懷活動的真髓應在於盡量深刻瞭解對方，藉由逐步加深的相互瞭解加強心靈互動。在深層的人格互動基礎下，如果對方有需要，再轉述淨土真宗的教義。我想，也許這才是傳教的正途也說不定。

尊重病患的人格，就等於尊重病患的宗教信仰，不管病患的宗教信仰為何，貿然指正對方的宗教信仰，無疑是穿著鞋玷污對方心靈的聖殿，否定了以這個宗教為中心所形成的人格。無視於個人人格無法支持「生命」，因此最重要的是以溫暖的眼光看護成形於所有信仰中的「生命」，耐心地與病患溝通。

不管是什麼樣的人，都在阿彌陀佛的大悲範圍之內，即使是無宗教信仰的人，或是無神論者、異教徒，佛一律視為佛子，平等地迎接這些總有一天都將成佛而歸彼方的人。法然聖人對僧人高階入道西忍說禮佛者領悟傳道的心得時說：「常不輕菩薩對所有人，即使是跟自己敵對的人，都認為其為佛子，而以禮拜之心待之。」我想這也正是從事臨終關懷人員所應該具備的基本態度。

《口傳抄》還記載了下面這一段親鸞聖人所說的話。有一個人責備即將與摯愛的父母及妻子死別的人說：「聞佛法，禮佛之人竟嘆息悲傷若此，成何體統？」其實這個人不應該。親鸞聖人認為即使相信在淨土可與親人再會，但死別的悲傷畢竟為凡夫俗子所難以忍耐，因此悲歎嗚咽、涕泣不捨皆為人之常情。同為脆弱的凡夫俗子，這時便應將心比心感受同為世俗之人的悲痛，溫暖地給予呵護及安慰。

同時，為了不增加因為別離而悲傷的痛苦，親鸞聖人說：

「酒有忘憂之名，薦酒笑慰可去。」

雖說勸人看開，傳達未來還能在淨土相逢的觀念很重要，但是對於無論如何就是想不開的人，為了使其開心，勸他淺酌幾杯也無傷大雅。因為，唯有讓人開懷而笑，才是最好的慰問。

越是悲傷痛苦的時候，越不能忘記微笑與幽默。所謂幽默既非無聊的笑話，也不是搔癢引人發笑，而是為對方設想的表現，讓人開心的言動。我想臨終關懷活動中，幽默是不可或缺的要素。（一～七為一九八七年八月六日之演講內容，刊載於一九八九年本願寺派三月號《宗報》）

# 作者簡歷

## 日野原重明

一九一一年生於日本山口縣。
京都大學醫學院畢業。
現任聖路家看護大學校長。
主要著作：《初期治療入門》、《如何面對生命的最後階段》

## 信樂俊麿

一九二六年生於日本廣島。

龍谷大學文學院畢業。
現任龍谷大學校長。
主要著作：《淨土教中信的研究》、《現代真宗教學》、《宗教與現代社會》、《親鸞之信的研究》（上）、（下）

## 早川一光

一九二四年生於日本愛知縣。
京都府立醫科大學畢業。
現任總合人間研究所所長，原堀川醫院院長。
主要著作：《草鞋醫生京都日記》（正）、（續）、《痴呆１１０》（編）

## 梯　實圓

一九二七年生於日本兵庫縣。
行信教校畢業。

現任淨土真宗教學研究所副所長。

主要著作：《法然教學之研究》、《西方指南抄序說》、《行白道》

# 生死學叢書書目

## 揮別癌症的夢魘

羽生富士夫／著
何月華／譯

癌症是現代人健康的頭號殺手，您對癌症認識多少？癌症等於絕症嗎？不幸罹患癌症的話，要如何面對死神的挑戰？具有「上帝之手」美譽的日本名醫，以他個人的切身經驗，懇切地告訴大家，以知識對抗癌症的重要，以及許多與癌症有關的預防、醫療等方面正確的觀念，是重視保健與生命品質的現代人必看的著作。

## 無生死之道

盛永宗興／著
郭敏俊／譯

面對人生的生老病死，您作何感想？對於世間一切的生生死死、死死生生，感到迷惑不解嗎？請聽日本著名禪師盛永宗興娓娓道來，以生活化、深入淺出的例子，帶領我們參透生與死的迷霧，體會「一期一會」、「遊戲三昧」的生命哲學，活在每一刻當下，生死將不再是人生痛苦的代名詞。

## 凝視死亡之心

岸本英夫／著
闞正宗／譯

本書是日本已故宗教學者岸本英夫與癌症搏鬥十年的心路歷程。當獲知罹癌，並被宣判只剩半年壽命後，他除了接受必要的手術治療外，也開始思索生命的本質，並陸續寫下手術前後，他在死亡威脅下的心理調適和哲理思考，他也因此將肉體生命從半年延長為十年。這其中艱苦的奮鬥歷程，句句珠璣，斑斑血淚，值得品味。

## 美國人與自殺

赫華德・庫盧諾／著
孟汶靜／譯

本書從心理、文化的角度探討美國人的自殺行為，並以十分具有啟發性的方式，陳述出過去三百年來西方社會對自殺行為的探索過程。作者成功地綜合了西方各學派分歧的自殺行為理論，而發展出一套嶄新且具有說服力的論點，在心理與歷史學界贏得極高的評價，對研究早期華人移民的自殺行為亦有助益。

## 宗教的死亡藝術

肯內斯・克拉瑪／著
方蕙玲／譯

本書以比較性、宗教性的方法，探討世界主要民族與宗教關於死亡、死亡的過程以及來生等等課題所採取的態度與做法。讀者將可發現，書中所列舉的每一項宗教傳統，都在指導它的實行者，不僅在死亡前，同時就在死亡的片刻裡，就能技巧地掌握死亡。死亡可說是一門牽涉到肉體死亡與再生經驗的宗教性藝術。

## 禪僧與癌共生

鈴木出版編輯部／編
徐明達
黃國清／譯

一位因罹患癌症而被宣告只剩三年生命的禪僧，如何活在癌症的病魔下，如何掌握人世間的生死，將餘生投注在什麼地方？本書即是與已故荒金天倫老和尚（日本臨濟宗方廣寺第九代管長）交往過的人，藉他們的證言撰集而成的報導文學，將老和尚以三年餘生充實為精神上三十年的生命風采，再度活現於紙上。

## 死亡的科學

品川嘉也／松田裕之／著
長安靜美／譯

人為何一定得經歷死亡？老年是否真的是人生的累贅？「腦死」就意味著「死亡」嗎？……這些疑問，在本書中都有詳盡的討論與解答。作者從生物學的角度出發，探討與生物壽命有關的種種議題，進而提出人類面對生死問題時應有的認識與態度，是一本將死亡學提昇到科學研究的難得之作。

## 死亡的真諦

小松正衛／著
王麗香／譯

當被問到：「如果人生可以重來一次，你希望擁有怎樣的人生？」多數的回答可能是出身好家庭，擁有高學歷，事業穩固，平安幸福過一生。但本書作者卻說：「世間非常艱苦，人生難行，但一路行來的人生，我還想再走一次。」是什麼樣的經歷與啟示，讓他如此達觀？請隨著作者一路前行，游入古聖先知的智慧大海……。

## 輪迴與轉生

石上玄一郎／著
吳村山／譯

「生死事大」，為了探究它，各種哲學與宗教已提出了許多答案，「輪迴轉生」便是其中之一。這種思想出人意料地貫通東西方，幾乎發生於同一時代。它的起源如何？呈現出那些面貌？果真能解決「生死」問題嗎？這些在本書中都有廣泛而深入的探討。

## 生與死的雙重變奏

齊格蒙·包曼／著
陳正國／譯

意識到必朽（死亡）與對不朽的追求，深深影響著人類的生命策略。人類社會建制與文化面向的型塑過程中，更存在著「解構」必朽與不朽的辯證和互動關係。而在「現代」和「後現代」社會，這種「解構」又出現了有別於「前現代」的許多變奏。且看包曼教授如何透過集體潛意識的心理分析，從不同角度詮釋「死亡社會學」。在必朽與不朽之間，您將重新認識現代人的社會與文化。

## 透視死亡

大衛·韓汀／著
孟汶靜／譯

本書所探討的論點，主要有下列幾點：一、在什麼樣的情況下，個體才算死亡？二、末期病人有沒有權利決定自己的生與死？三、器官捐贈能不能得到社會大眾的認同，進而成為一件普遍的事？作者以平鋪直敘的方法，為每一個論點作了總整理，提供讀者許多寶貴的資料與觀念，在臨終與死亡尊嚴等議題的探討上，能有進一步的認識。

## 看待死亡的心與佛教

田代俊孝／編
郭敏俊／譯

本書由八篇演講記錄構成，內容包括親人死亡的感受、個人的瀕死體驗、對死亡的心理準備、佛教的生死觀等，發表者有僧侶、主婦、文學家、醫師、佛教學者等不同人士，從各個角度探討死亡問題。正如主辦演講的日本「置死探生研討會」宗旨所示，如何在老、病、死的人生當中，正視死亡的事實，學習超越死亡的智慧，讓人生更加充實，是現代人的切身課題，值得大家一同來探討。

## 生命的終結

阿爾芬思·德根
早川一光
寺本松野／著
季羽倭文子
林雪婷／譯

在面對末期病患或臨終的人，甚至是自己生命的終結時，我們能做些什麼？該做些什麼？是本書所要探討的主題。四位作者分別從死亡準備教育、醫療與宗教、臨終看護等專業的角度，提供他們寶貴的經驗與意見，是關心此一議題的讀者最佳的參考。透過討論死亡，了解死亡，我們的生命必能更加美好。

## 從容自在老與死

日野原重明
早川一光
信樂峻麿
梯實圓／著
長安靜美／譯

隨著高齡化社會逐漸到來，種種老年心理與生活的調適、老年疾病的醫療、安寧照護等等問題，一一浮上檯面，這也是每個家庭和個人都要面對的問題。本書從接受老與死、佛教的老死觀、老年與疾病、末期照護等等角度，提出許多觀念與作法。藉由思考生命末期與老和死的種種課題，期望每一個人都能獲得一種從容自在的智慧與人生。

## 生與死的關照

村上陽一郎／著
何月華／譯

死永遠超越我們人類的「理解」，人類如果不能體認這個事實，醫療便會陷入「器官醫學」的窠臼之中。作者透過對現代醫療種種問題的根本探討，如醫療倫理、醫院內部感染、器官移植、安樂死、腦死、告知權、愛滋病等，重新思考生為何物？死為何物？什麼才是正確的醫療？觀念新穎，析理深刻，是您不可錯過的一部「現代醫療啟示錄」。

## 超自然經驗與靈魂不滅

卡爾·貝克／著
王靈康／譯

自古以來，人類對來生的想像便不曾中輟。「第六感生死戀」、「穿越陰陽界」等電影的風行，正反映現代人對轉世與投胎的濃厚興趣。但西方的唯物論和科學主義卻斥為迷信，到底孰是孰非？本書即在透過科學化的研究，深入探討死亡過程的異象與靈魂不滅的假設。顯像、附體、前世記憶、臨終體驗等現象是真是假？當生命結束後，人類某些「重要特質」會繼續存在嗎？本書有您想知道的答案。

## 超越死亡

霍華德·墨菲特／著
方蕙玲／譯

莎士比亞稱死亡為「未被發現的國土」，因為尚無人能像哥倫布發現新大陸一樣，在造訪該地之後回來向世人述說他的經歷。但自莎翁時代以降，有關這項古老秘密的研究工作，已有不一樣的風貌，本書即是其中的佼佼者。作者透過宗教、哲學、神秘主義以及經驗證明等比較觀點來檢視死亡，為我們揭開死後生命世界的奧秘。

## 生命的安寧

鈴木莊一等／著
徐雪蓉／譯

有別於一般病人，末期病人的醫療與照顧，需要我們投注更多的關注與特別的方式，才能幫助病人安寧地走完人生。本書六位作者分別站在醫療與宗教的角度，透過親身體驗，以「從初期護理看末期醫療與宗教」、「宗教對醫療之重要性」、「佛教福利與末期護理」、「日本療養院的宗教與醫療」為題，提出他們的看法，值得大家參考。